集装箱建筑空间的再生

魏　秦　丁用平　著

中国建筑工业出版社

图书在版编目（CIP）数据

集装箱建筑空间的再生／魏秦，丁用平著. ––北京：
中国建筑工业出版社，2025.2. ––ISBN 978-7-112
–30794-4

Ⅰ.TU29

中国国家版本馆CIP数据核字第20259LT097号

《集装箱建筑空间的再生》针对后工业时代大量都市工业存量空间再利用与激活这个热点问题，开创性系统地论述从可移动建筑到集装箱建筑的发展进程，以及未来城市的集装箱建筑呈现的新业态。本书重点梳理了国内外优秀的集装箱建筑的业态类型，并总结与归纳了与集装箱建筑模块化组合的设计方法、集装箱建筑群体的规划理念及集装箱公共艺术的艺术表征。并结合大量的实践案例，总结了集装箱建筑在结构、技术、设备、安全、节能方面的性能优化策略。最后，本书以智慧湾集装箱创客部落的营造札记为例，从产业转型背景、规划理念、建筑设计策略、建造过程及发展愿景等方面，提出集装箱建筑发展为国家实现节能降碳目标下的城市更新行动提供了新思路。本书适用于建筑建设从业人员、管理人员、相关院校师生，尤其是所有关心集装箱事业的各界人士阅读。

责任编辑：唐　旭　吴　绫
文字编辑：孙　硕
书籍设计：锋尚设计
责任校对：张惠雯

集装箱建筑空间的再生

魏　秦　丁用平　著

*

中国建筑工业出版社出版、发行（北京海淀三里河路9号）
各地新华书店、建筑书店经销
北京锋尚制版有限公司制版
天津裕同印刷有限公司印刷

*

开本：880毫米×1230毫米　1/16　印张：11¼　字数：305千字
2025年2月第一版　　2025年2月第一次印刷
定价：**139.00**元
ISBN 978-7-112-30794-4
（44515）

集装箱对许多人来说并不陌生。它是一种有一定规格、硬度和强度的，用于货物转运的大型容器。它本身既不是建筑物，又不是构筑物。位于上海市宝山区的智慧湾科创园可以说是世界上规模最大的集装箱创客部落，集聚了数百家文化、科技创业企业以及各种特色商业，星巴克在中国大陆第一个用集装箱建造的咖啡馆也坐落于此。《解放日报》等多家主流媒体都给予了报道。上海大学上海美术学院建筑系的魏秦老师与上海宝钢建筑工程设计有限公司一分院原院长丁用平合作，准备写一本关于集装箱建筑的书，2020年就邀请我为书作序，时间一晃4年多过去了，得知书稿即将交付出版社，作者还是想请我为书作序。于是，我与魏老师取得了联系，得知她这4年一直没有放下这本书，对集装箱以及相关内容又做了大量的资料和案例收集补充，使这本专著更加系统、充实和完善。

我很认真地拜读了这本书的初稿，觉得魏老师作为一名高校的学者，能够敏锐地捕捉到智慧湾科创园这个创新案例，并坚持数年如一日，以专业的眼光、用"以小见大"的思维，将其转化为系统理论，形成体系。这种注重实践、善于总结提升的精神是非常值得称赞的。

那么，用集装箱构建各种风格迥异的办公、文化、商业、娱乐和创业空间的意义在哪里呢？它对整个社会、行业有哪些有益的示范和启示呢？我觉得：

一、城市发展已进入存量时代，怎样对各种存量进行盘活、改造和再利用是一个大课题、大趋势。上海作为领风气之先的国际化大都市。通过老厂房、老仓库、老大楼、老码头和老集装箱的"五老登科"，引进新产业、新业态、新模式、新企业和新人群。这种模式，既是本身发展的需要，更是一种创新之举，它通过空间存量吸引内容增量，实现了"老瓶装新酒"。

二、它是低碳经济、循环经济和绿色经济的具体探索实践。集装箱在完成了它的货物转运功能后，还能够在城市更新中发挥产业培育、创新创业和商业文化的空间功能，充分体现"变废为宝""化腐朽为神奇"的可持续发展理念。这样既减少了大量的重复生产和处理报废过程中二氧化碳的排放，更为年轻人提供了一种靓丽实用的创业空间，利国利民、一举多得、皆大欢喜。

三、它很好地弥补了刚性规划存在的不足，避免了规划实施前空间资源的浪费。因为从实际看，不少地方少则几年、多则几十年规划才能落地，而之前它们往往成了低效、闲置甚至空置之地。集装箱则提供了一种非常好的"弹性"，即：它能成为一种在这几年、几十年中适应社会发展需要的"移动空间""过渡空间"和"组合空间"，把法定规划的"刚性"与载体空间的"弹性"有机衔接，成为用"空间"换"时间"的绝佳"产品"。

由此可见，这本专著确实非同一般：它不仅把点上的创新上升到理论的高度，更有进一步以理论指导面上推广的意义。而且，这本书在操作性方面也有十分系统的阐述，相信对更多的地区、企业在创新集装箱运用方面，是一种系统启蒙和具体指导。

总之，这本书称得上是普及推广集装箱创新运用的"百科全书"，期待它能够在各地城市更新中开出更多的花朵、结出更丰硕的果实。

上海产业转型发展研究院首席研究员
夏雨
2024年7月16日

第3章 模块化构建——集装箱建筑设计的方法

第4章 单元空间聚合——集装箱建筑群体的规划理念

第5章 集装箱建筑的性能优化

第6章 集装箱公共艺术的价值体现与艺术表征

第 **1** 章

从可移动建筑
到
智慧城市新空间

1.1 可移动建筑的理念溯源

1.1.1 可移动建筑的概念及其理论基础

可移动建筑是一个具有实体空间化结构的构筑物，可适应不同的要求，如场地变换、整体或部分地移动、构建调整，又能较简易地组装起来。①其特征主要体现在以下方面：首先，这种可自由移动的构筑物，其特点在于灵活变换，可拆卸移动，便于运输组装②；其次，除了基地可变性满足活动多变的要求，亦可通过构件或者建筑组合变化来满足建筑空间使用的灵活性③；最后，可移动建筑的外墙及内墙可以随建筑功能而变化，建筑的组合单元或者整体可以自由变动更新，具有移动能力，可适应不同的环境需要。③

可移动建筑的概念最早是由匈牙利建筑师尤纳·弗里德曼的核心建筑理论给出了阐释。④可移动建筑，强调的并非建筑本体的可变性，而是研讨如何建立一套能够应对或者抗衡多变社会制度的建筑架构体系。这个理念来源于居住者对空间需求的自我意识和自由表达，强调城市存在的真实原因是一种满足人们不断变化的实际需求能力。他提出了一种空中城市的乌托邦方案：建筑可以任意变形与移动，每个元素——墙、屋顶或天花板——都可以被居住者自由移动和更换，而基本架构如柱子、梁、基础设施等保持不变。⑤

国外学者提出了很多具有前瞻性的理念：英国的罗伯特·克罗恩伯格（Robert Kronenburg）教授将可移动建筑定义为一种具有短暂性（ephemeral）和移动能力（moveable）、专为适应不同情境（situation）或位置（location）而设计的建筑。⑥19世纪60年代伦敦的建筑电讯派（Archigram）提出了"即插城市"的概念，就是将可移动即插住宅单元插入巨构城市中，其后又提出了"行走城市"计划，强调摆脱时空限制，以经济与社会需求为目标的移动城区。⑦詹妮佛·西耶格尔（Jennifer Siegal）在《移动建筑的艺术》（*The Art of Portable Architecture*）中提到"今天的建筑能够滚动、飘扬、膨胀、呼吸、扩展、复合和缩减，最后再升起来，就像20世纪60年代人们设想的那样，在不断地寻找它的下一个使用者。"⑧⑨

国内学者也尝试从不同角度对可移动建筑进行阐述：吴峰认为灵活多变的活动需要一种基地可变的建筑物与之相适应，这种基地可变的建筑物称为可移动建筑物。⑩郑卫卫认为"移动建筑"是可随需要进行移动、折叠的小型、灵活式建筑。⑪崔博娟认为，除了基地可变性解决活动多变的要求，可通过构件变化或建筑组合方式来满足建筑空间使用的要求。⑫欧晓斌将可变动建筑定义为外围护界面及内部

---

① 肖毅强. "临时性建筑"概念的发展分析［J］. 建筑学报，2002，（7）：57-59.
② 吴峰. 可移动建筑物的特点及设计原则［J］. 沈阳建筑大学学报（自然科学版），2001，17（3）：161-163.
③ 欧晓斌. 当代建筑设计新趋向——可变动建筑初探［J］. 工业建筑，2010，40（S1）：5-8.
④ 移动建筑——尤纳·弗莱德曼建筑展［J］. 现代装饰，2015，（7）.
⑤ 吴楠. 尤纳·弗里德曼［J］. 世界建筑导报. 1999，Z2：74-77.
⑥ 黄怡平. 当代便携式可移动建筑设计策略研究［D］. 南京：东南大学，2016：2-3.
⑦ 秦笛. 可移动建筑的形式特征初探［J］. 山西建筑，2009，（5）：19-22.
⑧ 李佳. 可移动建筑设计研究［D］. 南京：东南大学，2015：22-32.
⑨ 崔博娟. 从蒙古包到可移动建筑［J］. 住宅与房地产，2015，（19）：3-5.
⑩ 吴峰. 可移动建筑物的特点及设计原则［J］. 沈阳建筑工程学院学报（自然科学版），2001，17：161-163.
⑪ 郑卫卫. 可移动建筑形态与空间［J］. 山西建筑，2010，（12）：52-53.
⑫ 崔博娟. 从蒙古包到可移动建筑［J］. 住宅与房地产，2015，（19）：22-525.

分割界面可以根据建筑功能而变化的建筑，以及建筑的组合单元或者整体可以自由变动更新的建筑。[①]

由此可认为，可移动建筑即经过事先预制，运输过程灵活，现场建造快速便捷，功能使用多变的建（构）筑物。

1.1.2 可移动建筑的类型

长久以来，人类都在追求稳定与永久性带来的定居安全感，"移动"似乎有悖于人们定居的稳定性目标。但是追溯到远古时代，人们为了生存试图用灵活多变的建筑来应对恶劣的环境。可移动建筑最早可追溯到隋宇文恺给隋炀帝设计的可乘坐百名武士的战车，成吉思汗西征时所乘坐的战车规模更大，到后来人们逐水草而居，游牧、游猎、渔猎民族为适应残酷的生存环境所建造的蒙古包、毡房、船屋等都可以被看作是移动建筑的雏形。《黑鞑事略》中记载中国的传统民居——蒙古包："穹庐有二样：用柳木为骨，正如南方罘思，可以卷舒，面前开门，上如伞骨，顶开一窍，谓之天窗，皆以毡为衣，马上可载。草地之制，以柳木组定成硬圈，径用毡挞定，不可卷舒，车上载行。"可伸缩的建筑支撑结构、便于拆卸组装的围护结构与随车载移动建筑类型是游牧民族生产生活的智慧结晶。

随着科学发展与技术进步，从移动家具，推拉门窗，到旋转餐厅、移动顶篷等，人类不再依赖稳定永久而带给的安全感，建筑的可移动性不再是纸上谈兵而已经成为现实。随着中国城镇化的快速发展，城市建设经历从增量规划到存量规划的重大转型，为了应对城市交通阻塞，积极减少城市建设过程中在建筑材料与设备制造、施工建造和建筑物使用的整个生命周期内的碳排放量。为适应大型城市巨大的人口流动，随着临时性工程、商业、建筑、旅游等需求的增加，也诞生了类似房车、集装箱等可移动建筑。相对于常规固定建筑改建过程中需要拆除重建造成的资源浪费和环境破坏，可移动建筑所具有的便利灵活、低碳环保、可持续性就显得尤为可贵。因此，可移动建筑作为解决人地关系诸多矛盾的一种策略，成为未来城市与建筑空间发展的新的可能性。

可移动建筑根据不同方面有不同分类，根据建筑建造过程的运输方式划分，可分为便捷式和驱动式类型，驱动式可移动建筑又可分为机动一体式和外力驱动式。根据建造材料划分，可分为轻型木结构、轻型钢结构、集装箱建筑，以及其他使用范围较小的纸结构、竹结构（表1.1-1）。

可移动建筑的分类（根据相关资料整理） 表1.1-1

依据	类型		特点	案例	照片
运输方式	便捷式		体积与重量较小，不需借助机动外力，单人力量即可移动	简易帐篷	
	驱动式	机动一体式	通常与交通工具成为一体，不需要拼装，维护与移动基本靠自身	房车，船屋	

[①] 欧晓斌. 当代建筑设计新趋向——可变动建筑初探 [J]. 工业建筑，2010，（40）：5-8.

续表

依据	类型		特点	案例	照片
运输方式	驱动式	外力驱动式	耐久性、实用性、经济性、对场地要求较高。需要由大型运输工具运送，需要由装卸设备进行辅助组装	板房，集装箱等	
建造材料	轻型木结构	原木	质量轻、易加工、防震性好、低成本，便于制定标准与批量生产，但需防潮、防蛀、防水、防火等	柏林立方阁楼，慕尼黑的微型住宅	
		重型			
		轻型			
	轻型钢结构		材质轻，运输安装轻便，易与其他结构配合，可循环利用，但由于易生锈等问题，后期维护成本大	墨尔本皇家植物园移动亭	
	集装箱建筑		资源充足，与运输系统契合度高，价格低廉，结构坚固耐用，可模块化多样组合，低碳环保	PUMA品牌概念店	
	纸结构		以纸板和纸管的形式呈现，价格低廉，低碳环保，但需经过防潮、防高温处理	成都华林小学	
	竹结构		材料轻盈，色彩柔和，富有弹性，绿色环保，可再生	武重义设计的米兰世博会越南馆	

集装箱建筑是本书的重点，虽然目前国内相关的建筑法规涉及较少，但已形成一定程度的技术体系与成熟的产业链。可移动建筑的材料力学性能决定其结构的构成方式及其建成效果。为了贯彻国家碳达峰碳中和的目标，应对气候变化，推进降碳、减污、扩绿，推动绿色低碳发展，集装箱建筑因其所具有的价格低廉、低碳环保、快捷建造且材料可循环利用的独特优势而脱颖而出。

1.2 **可移动建筑之集装箱建筑**

1.2.1 集装箱定义

集装箱又称货柜，英文名为container。原本是指便于机械设备进行装载搬运并用于运输、周转货物的一种大型装货容器。按国际标准化组织规定，集装箱需具备下列五个条件：①能长期反复使用，具有足够强度；②途中转运不用移动箱内货物，就可以直接换交通工具；③可快速装卸，运输过程便捷；④便于货物装满和卸空；⑤具有1m³（约35.32cu.ft）或以上的容积。[①]满足上述5个条件的大型装货容器才能称为集装箱。

在集装箱发展初期，由于各个国家的规格和结构不同，影响了其在国际上的流通。自1961年国际标准化组织ISO/TC 104技术委员会成立后就对集装箱标准进行过多次补充、修正，表1.2-1为常用的国际集装箱标准，在国际海运集装箱运输中采用最多的是IAA型（即40ft货柜）和IC型（即20ft货柜）两种，其规格尺寸如表中所示。

常用的国际集装箱标准（根据相关资料整理）　　　　　　　　　　　　　　表1.2-1

集装箱类型	外部尺寸（mm）	内部尺寸（mm）	箱内容量（m³）	集装箱自重（kg）	集装箱可载重量（kg）	总载重量（kg）
IC型（20ft货柜）	长：6058	长：5898	33.2	2200	17900	20320
	宽：2438	宽：2350				
	高：2591	高：2390				
IAA型（40ft货柜）	长：12192	长：12032	67.96	3800	26680	30480
	宽：2438	宽：2350				
	高：2591	高：2390				

集装箱主要采用钢材与铝材建造，其结构主要分为以下几个部分：钢框架、构成箱体围护的波浪形侧墙板、地板及其附加梁，开启门扇及其附属部分，以及各装卸用构件。各种组成部分相互焊接，形成了具有完整独立的盒子结构体。[②]图1.2-1为20ft集装箱结构图。

普通集装箱常用的主要材料为耐候钢、不锈铁、不锈钢、铝、聚氨酯等。其材料构成见表1.2-2。

---

① 王蔚．魏春雨．刘大为，等．集装箱建筑的模块化设计与低碳模式［J］．建筑学报，2011，SI：130-135.
② 赵鹏．集装箱建筑适应性设计与建造研究［D］．长沙：湖南大学，2011：3-6.

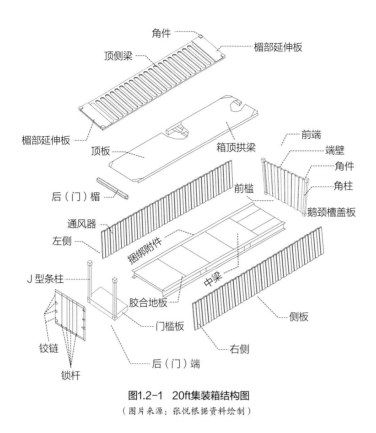

图1.2-1　20ft集装箱结构图
（图片来源：张悦根据资料绘制）

集装箱主要制造材料分类（根据相关资料整理）　　　　　　表1.2-2

材料	主要用途
耐候钢	冷藏集装箱的前框、后框、顶底侧梁、波纹底板；干货箱的全部箱体
不锈铁	冷藏集装箱的外侧板、外顶板、外门板、波纹底板，有时会应用于框架结构
不锈钢	冷藏集装箱的内侧板
铝	冷藏集装箱的顶板、内侧板、地板、顶角封、底角封、门框架、门槛连接件内
聚氨酯	冷藏集装箱的保温层材料

1.2.2　集装箱的类型

1. 按制造材料划分

按制造材料划分，常用集装箱有钢制集装箱、铝合金集装箱、玻璃钢集装箱，此外还有不锈钢集装箱等。不同材料集装箱的优缺点如表1.2-3所示。

不同制造材料集装箱优缺点（根据相关资料整理）　　　　　　表1.2-3

名称	主要材料	优点	缺点
钢制集装箱	钢材	强度大，结构牢，焊接性高，水密性好，价格低廉	重量大，防腐性差
铝合金集装箱	铝合金材料	重量轻，外表美观，防腐蚀，弹性好，加工方便及维护成本低，使用年限长	造价高，焊接性能差

名称	主要材料	优点	缺点
玻璃钢集装箱	玻璃钢材料	强度大，刚性好，隔热，防腐蚀，耐化学性好，易清扫，修理简便	重量大，易老化，拧螺栓处局部强度低
不锈钢集装箱	不锈钢材料	强度高，不生锈，使用期内无需进行维修保养，使用率高，耐腐蚀性好	价格高，初期投资大，材料少、大规模制造困难

2. 按结构类型划分

按结构类型划分，常用的集装箱一般可分为内柱式与外柱式集装箱、折叠式与固定式集装箱、预制式与薄壳式集装箱。内柱式与外柱式集装箱，"柱"指集装箱的端柱和侧柱，若其位于侧壁和端壁之内，则称之为内柱式集装箱，反之则称之为外柱式集装箱。折叠式集装箱通常指集装箱的主要部件能进行简单地折叠或分解，当再次使用时可以方便地组合。固定式集装箱指侧壁、端壁和箱顶等部件永久固定，呈密闭状态，是集装箱的主流。预制式集装箱指外板与内部骨架有许多预制件结合起来，并承受主要荷载。薄壳式集装箱指把集装箱的所有部件组合成一个刚体，它的优点是重量轻，可以适应所发生的扭力而不会引起永久变形（表1.2-4）。

不同结构类型集装箱优缺点（根据相关资料整理） 表1.2-4

类型	优点	缺点
内柱式集装箱	外表平滑美观，受斜向外力不易破坏，外板与内衬板之间留有一定间隙，隔热效果好，便于修理和更换	—
外柱式集装箱	外力由侧柱或端柱承受，外板不易损坏，集装箱内壁平整，可不需要内衬板	
折叠式集装箱	便于运输堆放，环保，封闭可靠，一箱多用，节省运输空间，安装维护简便安全	主要部件用铰链连接，结构强度略弱
固定式集装箱	强度高，操作便捷	灵活度较低
预制式集装箱	建造便捷	—
薄壳式集装箱	重量轻，可适应所发生的扭力而不会引起永久变形	—

3. 按用途划分

不同用途集装箱的结构特点和用途见表1.2-5。

集装箱按用途分类（根据相关资料整理） 表1.2-5

名称	简称	结构特点	用途
干货集装箱	—	通常封闭式，在一端或侧面设有箱门，侧壁设门的集装箱通常用于铁路货运	装载无需控温的杂货，化工用品、电子机械、工艺品、医疗用品、日用品、纺织品、仪器零件，固体散货、颗粒或粉末状的货物
隔热集装箱	—	所有箱壁都采用导热率低的材料制成，通常用冰做制冷剂，保温时间在72小时左右	装载水果、蔬菜等货物
通风集装箱	—	侧壁（或端壁）和箱门上设有4~6个通风口	装载需通风、防止潮湿的货物
冷藏集装箱	RF	能保持一定的温度	装载冷冻食品为主

名称	简称	结构特点	用途
框架集装箱	FR	以箱底面和四周金属框架构成	装载长、大、超重、轻泡货物
罐式集装箱	TK	由箱底面和罐体及四周框架构成	装载酒类、油类、液体食品，也可以装载酒精及其他液体危险货物
平台集装箱	—	无上部结构，有强度很大的底盘，可同时使用几个平台集装箱	专供装运超限货物
开顶集装箱	OT	顶部装卸，箱顶部可开启或无固定顶面	装载玻璃板、钢制品、机械等重货
汽车集装箱	—	防滑钢板做的箱底上装了一个钢制框架，没有箱壁。双层集装箱的高度为3.2m或3.9m	装载小型轿车的专用集装箱
散货集装箱	—	有玻璃钢制和钢制两种，端部设有箱门，在箱顶还设有2～3个装载口	玻璃钢制集装箱装载麦芽和化学品等相对密度较大的散货；钢制集装用于装载相对密度较小的谷物
航空集装箱	—	分为空运成组器和非空运成组器：空运成组器是使单独、分散的货物组成一个标准尺寸的单元，以便迅速装到具有与之直接配合的装卸、限动系统的飞机上的一种装置，非空运成组器反之	航空运输中成组装载货物

4．按照空间形态划分

不同空间形态集装箱的特征和优点如表1.2-6所示。

按空间形态划分集装箱（根据相关资料整理）[1]   表1.2-6

类型	特征	优点
干箱型	钢结构是在ISO标准集装箱基础上拉伸的干箱结构，并增加内外保温层、装饰板等完成主体结构；内外保温层间设置龙骨，地板采用发泡型水泥板或纤维水泥板	结构强度高，运输方便，适合办公场所
轻钢龙骨型	具有稳固的底结构系统，墙和顶均以钢龙骨为主，墙体内设装饰板，外设外墙披挂，装饰板和披挂间的龙骨结构用来支撑墙面，顶部采用轻钢系统加外顶结构	使用材料较少，制作难度低；有效防止雨水积聚渗漏；质量轻，符合低碳环保要求；结构具有可塑性和灵活性，空间分隔更简单易行
插接式	插接式集装箱以20 ft标准集装箱为单元，顶部和底部均带有运输要求的角件，与角柱、顶部和底部形成整体结构；以箱底作为承载结构、顶为盖板组装而成	装配简单快捷，适合雨水及自然灾害较少的地区
旋转式	侧板旋转式将单个标准集装箱通过侧板旋转的方式将原来空间扩大了2～3倍；集装箱前后端与顶底结合成固定整体，以顶为主体，顶梁与侧柱上增加旋转板	运输方便，其密封性及结构难度较高
	侧板折叠旋转式将插接式集装箱通过铰链连接，便于折叠放置，在使用时通过旋转满足使用高度的要求	
抽拉式	是两个箱体的组合，主箱体一侧封闭，一侧敞开，副箱体相当于抽屉，可抽拉	具有抽拉的方便性和吻合性、箱体支撑的合理性，但实现密封防水难度较大

---

① 姜涤清. 房屋集装箱的特点及分类［J］. 集装箱化，2013，（4）：19-22.

1.2.3　集装箱建筑的特点

集装箱作为建造单元在尺寸上是标准化的，集装箱建筑的使用和设计都受到现有集装箱体尺寸的限制，其内部装修、家具选配也更易于工业化装配式的组装与建造。同时，集装箱建筑的结构与材料也是标准化的，集装箱通常由钢骨架、侧墙板以及连接件等附属结构组成，整个结构可重复利用，单元体也便于拼合叠放，易于与其他结构连接，减少施工操作的难度。集装箱建筑优势主要体现在以下几方面。

（1）建筑结构：稳定坚固，安全耐用。集装箱的结构强度较高，可装载数吨货，可垂直累叠放置多层。集装箱的水密性与防腐蚀性较好，气候适应性强，可抵御强风与海浪等极端天气。[①]

（2）建造方式：模块组合，灵活适变。集装箱单元作为建筑基本构成模块，标准化程度高，满足模块的多元化组合需要，现场装配简单方便，施工速度快，工厂生产与现场施工可同时进行，缩短了建造周期，适应于工业化装配式的建筑发展趋势。

（3）生产运输：移动便捷，可拆可拼。集装箱建筑造型多变，可采用拼接、堆叠、分割，穿插等形式多样的空间策略。集装箱的内外尺寸、自重、荷载已经建立了标准数据库，与生产运输工具高度契合。建造与拆卸过程方便，可拆解，可移动，可循环利用。

（4）能源消耗：节材减耗，低碳环保。集装箱房屋的结构单体主要采用高强度钢结构，并在工厂内生产制造，施工现场只进行简单的拼装，几乎不产生建筑垃圾，同时可有效减少环境污染和噪声，材料的浪费也比传统建筑少很多，是一种采用绿色材料、实现绿色施工的环境友好型建筑。与混凝土、砖混结构相比，建设过程能耗少，建筑性能良好。[②]

（5）建造成本：价格低廉，循环利用。与传统建筑相比，集装箱建筑的建造成本只占传统建筑的53%，水电能耗、混凝土消耗、建筑垃圾减少约70%，建材回收率比传统建筑提高70%，建筑工期缩短约50%，采用的50mm岩棉板比传统建筑保温性能高出2倍。集装箱结构简单，建造成本和运输成本都低，且货运集装箱可循环使用，对周边环境与配套设施的要求不高，节约材料与建造成本。

但是，集装箱建筑也有一定的局限性。由于受集装箱单元的空间尺度与结构特点限制，每个标准单元宽度约为2.34m，高2.38m，长度5.9～11.9m，内部空间局促，其承载的功能属性在空间规模与尺度大小上也受到很大制约。而且，由于其使用材料为金属结构，热传导能力强，保温隔热性能差，建筑围护结构的特工性能与隔声降噪性能需要进行特殊的处理，才能满足建筑所需的热工性能要求，这些都需要技术手段的不断优化与提升，只有通过精细化的空间设计与适应性的改造和组合，才能满足不同建筑功能类型的需求。

我国是集装箱生产第一大国，生产能力已经达到每年580万TEU（国际标准箱单位，以20ft箱体容积为计量单位），全世界96%以上的集装箱由我国生产。同时，集装箱由于本身使用年限大概为10年，旧集装箱回收成本低，循环利用率高，其本身的创造性再利用模式非常值得深度发掘。最重要的是，其低碳环保、成本低，与当下国家倡导的双碳行动目标高度契合。因而，赋予集装箱建筑以新的生命力也是响应国家战略、贯彻新发展理念、推动高质量发展、推进现代化产业体系建设、加快发展新质生产力的有力举措。

---

① 毛磊. 集装箱建筑发展历史及应用概述［J］. 建筑钢结构进展，2014，（10）：9-12.
② 赵鹏. 集装箱建筑适应性设计与建造研究［D］. 长沙：湖南大学，2011：24-26.

1.3 集装箱建筑——城市更新理念下工业存量空间的再生

1.3.1 国外集装箱建筑发展现状

对比钢筋混凝土的森林城市，可供人们休憩居住的集装箱建筑显得独特而另类。早期，在英国、日本和荷兰等国家就出现了集装箱房，荷兰首都阿姆斯特丹是世界上拥有最多集装箱建筑的城市。国外集装箱和组合式房屋被广泛地应用到博物馆、展馆、品牌概念店、经济型酒店、学生公寓、度假别墅以及其他创意性的建筑中。

比较典型的案例有，美国LOT-EK集装箱建筑设计事务所专注于利用集装箱这种工业成品进行建筑设计创作，LOT-EK事务所出版了一系列有关该公司对于可移动、工业化预制和集装箱建筑的相关案例及设计思想的图书，提出了集装箱单元模块的理念，其理念是将集装箱转化为一个具有高度的灵活性、可移动性和可扩展性的居住模块单元。每个MDU均可以通过轮船被运送至世界各地的港口，MDU模块使用40ft的标准海运集装箱制造，内部包含多个功能块，这些功能块承担着起居室、卧室、厨房、书房、洗手间以及储藏间等功能，各功能块向外凸出或收入箱体范围之内，保证了运输中的结构强度（图1.3-1）。[①]日本著名建筑师坂茂使用了148个集装箱设计的纽约游牧博物馆，是世界上最大的移动博物馆，在纽约、洛杉矶及东京相继展出（图1.3-2）。

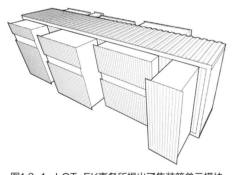

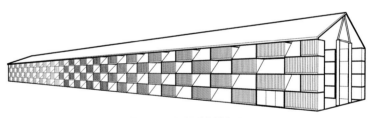

图1.3-1 LOT-EK事务所提出了集装箱单元模块
（图片来源：宋嫣然绘制）

图1.3-2 纽约游牧博物馆
（图片来源：宋嫣然绘制）

由于集装箱的快速建造，在特殊需求下，如野战医院、救灾中心、移动式中继站、野外办公等，可选用定制改装的集装箱建筑。而且，集装箱改造建筑比混凝土结构建筑的碳排放量和能源消耗量更少，减少了金属废弃物的数量，在满足节能环保需求上具有先天优势，促进了集装箱建筑市场的蓬勃发展。

1.3.2 国内集装箱的应用领域

集装箱建筑在国内的使用依然有着很大的潜在市场需求。较早在香港出现了大量的民间集装箱房屋，香港中文大学的柏庭卫等人将香港目前的集装箱房屋用途划分为三类：与集装箱运输相关的配套建筑、露天存货之用的建筑、与工程建设有关的临时建筑用途等。[②]

---

① 王伟男. 当代集装箱装配式建筑设计策略研究 [D]. 广州：华南理工大学，2011：17-19.
② 柏庭卫，等. 香港集装箱建筑 [M]. 北京：中国建筑工业出版社，2004：15-20.

国内集装箱建筑改造主要应用在灾后临时用房，集装箱可改造成临时居所，兼顾救灾物资运输和灾民临时居住两大功能。如2008年汶川地震后重建的绵阳六中校舍，就是一座由52个集装箱经过切、拼、装与加固而成26间教室的亚洲最大的集装箱校舍。该集装箱校舍从选型、设计、规划、生产、运输组装到建成使仅用了8周时间。[①]其次，应用于集装箱学生公寓，珠海城市职业技术学院建成全国首个1万m²集装箱学生公寓，整个项目共使用约450个20ft旧集装箱，可提供300套学生宿舍单元及部分办公、生活等设施。越来越多的集装箱建筑被应用于公共建筑，如天津北塘建造的大型集装箱餐厅，共使用约600个集装箱，改造成大、中、小型不同的餐厅（图1.3-3）；还有如广州的红砖厂、昆明的集装箱创意园（图1.3-4）等。

集装箱建筑本身具有极强的可塑性，能够在大都市空间中创造景观亮点，如东莞盒汇Color box集装箱美食街、上海宝山智慧湾的集装箱创客园区，不仅可置于城市闲置空地，也可适用于城市零散小微空间，如立交桥下、城市犄角空间等。在当下城市更新的背景下，释放城市存量空间，激发城市公共空间活力，塑造有温度的城市公共生活场景，集装箱建筑确实为最佳选择（图1.3-5）。

图1.3-3 天津北塘集装箱餐厅

（底图来源：乐乎山水之间. 北塘古镇的古韵在哪里？[EB/OL].（2021-12-02）[2024-02-01]. https://baijiahao.baidu.com/s?id=1717909608394394216.）

图1.3-4 昆明集装箱创意园

（底图来源：花样昆明. 西南最大"集装箱公园"来了！500+个集装箱，新亚洲体育城3.0时代！[EB/OL].（2023-12-27）[2024-02-01]. https://mp.weixin.qq.com/s/Cbq4paupkkwbn1OHGm6jsQ.）

图1.3-5 东莞盒汇Color box集装箱美食街外观

（底图来源：建筑学院. 用"集装箱"组成的美食街区，东莞盒汇Color Box[EB/OL].（2016-01-04）[2024-02-01]. https://mp.weixin.qq.com/s/k5gA-z8CG-jrZiYYLFBmWQ.）

① 陈雪杰. 可持续发展的国内集装箱建筑应用探究［J］. 住宅科技，2011，（9）：29-33.

1.4 城市闲置空间再利用的探索

城市闲置空间可以简单理解为可利用但未经利用的空间。学者们尝试从各个角度对闲置空间进行阐述。日本学者芦原义信在《外部空间设计》中提到，"建筑空间总体上可以概括为两大部分，一是有效利用的积极空间，二是没有进行有效利用的消极空间。"[①]这里的"消极空间"即可理解为没有得到充分利用、无规划下的闲置空间。定艳秋将闲置空间定义为城市建设快速发展中未利用、长期缺乏管理的空间。[②]在土地资源有限的今天，城市中未被合理规划利用的或大或小的空地都属于闲置空间。

城市闲置空间可分为以下三类。

（1）废弃的建筑物或建筑群：由于社会发展与时代变迁，城市扩张导致曾经的郊区成为如今城市的核心地段，外迁工业区而导致一些工厂空间废弃与转型。

（2）过渡型闲置空间：待建设开发或城市周边的开发区域，如开发商大量购置土地后的待开发空间即为过渡闲置空间，有些开发周期或可达十年以上。

（3）矛盾型闲置空间：一般是由于设计不够合理，或者存在设计的盲点而导致空间的浪费，产生一些闲置空地，比如高架桥下方的空地、校园、公园、小区内的闲置空间等。这些废弃与闲置空间的再利用都为集装箱建筑应用提供了发展潜力。

城市日新月异的变化带来土地利用的调整与变化，如果将闲置空间盘活，集装箱建筑能在一定时间内最大限度地利用土地，又在需要改变时以最小代价恢复基地的下垫面原貌，做到真正意义上的土地利用的可持续发展。[③]

闲置空间的再利用，其业态多是围绕着商业服务和文化创意两者展开的。如何使这些闲置空间再利用，在最短的时间内消耗最少的资源将其塑造为最合适的有机生命体，顺应需求，通过成本低、实效高、低碳环保的集装箱建筑对闲置空间进行再利用就成了一个值得探讨的话题。

在文化创意方面，集装箱建筑可将废旧厂房开发成创意园或文化园区，以广州红砖厂为例，它曾经是中国最大的罐头厂，其中以苏式建筑为主，结构空旷开阔，现仍然保留着几十座大小不一的建筑。艺术家们将其打造成LOFT风格的街区。红砖厂入口的集装箱建筑展现具有艺术感的工业气息。园区业态构成多样，包括艺术文化交流机构、国际画廊、艺术家工作室、雕塑展厅及广场展示区、酒吧厅、进口书店、艺术文化商店、养生会所等多种功能，探索富有时尚、创意、艺术和人文精神的艺术与生活中心。红砖厂将废弃工厂改造成为集艺术中心和商业化于一体的生活片区，给周边生活的市民与外来游客提供了靓丽的城市生活秀场（图1.4-1）。

上海市宝山区智慧湾科创园前身为重庆轻纺集团上海三毛国际网购生活广场及其市政材料公司堆场，后被改造成为集园区、社区、教育区、展区、商业区和运动区为一体的城市生活打卡胜地，拥有中国首个3D打印文化博物馆，废弃集装箱变身的"集创箱"办公空间、星巴克集装箱概念店等异彩纷呈的业态内容（图1.4-2、图1.4-3），也是世界上最大的集装箱部落，本书后面章节会详细阐述。

在商业服务方面，过渡型的闲置空间或临时性的闲置空间与集装箱建筑结合，可建造成临时商

① 芦原义信. 外部空间设计［M］. 北京：中国建筑工业出版社，1985.
② 定艳秋. 城市闲置空间的再利用——以重庆市某闲置空间改造方案为例［J］. 装饰，2015，（9）：130-131.
③ 贡小雷，张玉坤. 集装箱的建筑改造———一种可持续建筑的发展尝试［J］. 世界建筑，2010，（10）：124-127.

图1.4-1 红砖厂集装箱建筑

（底图来源：花瓣网. 红砖厂，集装箱，红色，蓝色，广州，员村，大图[EB/OL]. （2020-05-13）[2024-02-01]. https://huaban.com/pins/3156565421. ）

图1.4-2 智慧湾科创园鸟瞰

图1.4-3 智慧湾科创园鸟瞰

铺等。海外零售行业常见的快闪店（Pop-up Store），被界定为创意营销模式结合零售店面的新业态，可理解为短期经营的时尚潮店。如伦敦地铁站旁边的盒子公园（BOXPARK）集装箱购物中心号称是全世界第一间快闪店，2011年开始营运，共由61个集装箱组合而成。这个快闪商铺区包括超过40家零售商店、咖啡馆、餐厅和画廊，进驻的品牌概念店包括耐克等世界著名品牌。商铺区以"旧物利用无污染，全球最环保购物中心"为理念，每个集装箱就是一间小店，店家可通过改造集装箱来呈现独一无二的店铺风格，灵活的租期与合适的

图1.4-4 伦敦BOXPARK商铺区

（底图来源：novate.TOП-10удивительных зданий из грузовых контейнеров [EB/OL]. （2021-06-22）[2024-02-01]. https://novate.ru/blogs/180413/22882. ）

租金吸引了不少年轻设计师来此创业，集装箱商业空间激发了曾经闲置的城市用地活力（图1.4-4）。

1.5 智慧城市空间的新业态——集装箱建筑发展的未来

集装箱建筑通过模块化的建构，能在结构和功能上快速响应市场的个性化需求，引导建筑由传统高消耗型向高效绿色型转变，集装箱房屋"工厂制造+现场安装"的建造模式符合当今绿色建筑的发展趋势。[①]集装箱建筑存在和发展的意义不仅在于可以完成对建筑环境的空间营造和表达，也体现了资源的循环利用，建设节约型社会发展趋势的应对策略。

2008年，中集集团集装箱房屋建筑面积约10万m^2，已拥有成熟的产品设计、开发制造到安装等项目整体供应模式和能力。并且在2009年年底成立了以房地产业务为主的集装箱房屋地产公司。中国对于集装箱建筑改造的过硬技术保障和低廉产品价格，完全可以为中国集装箱建筑的全面发展提供良好的基础。[②]

除了建筑设计多样组合以外，集装箱建筑在安装制造与绿色低碳技术领域也取得较大发展。虚拟仿真技术是虚拟现实和仿真技术在工程施工领域应用的信息技术，包括提升方案整体性和模块化程度的BIM三维建模技术，直观指导集装箱体的锚固与关键部位搭接的模拟建造技术等。技术发展还包括节能路径的引入：因集装箱材料的金属特性，受外界温度影响因素大，可引入太阳能建筑一体化光伏发电系统，安装于集装箱顶板；引入其他反射隔热及绿植降温等技术；在箱体外铺设木板条进行隔热装饰，室内采用龙骨内保温系统及聚氨酯内保温系统的保温技术等，整体提升集装箱建筑的环境品质。[③]

集装箱建筑作为便捷式的可移动建筑，介于建筑和交通工具、动产和不动产之间。[④]目前，其法律法规受到一定限制，也无相关政策提供相应保障。但是随着2013年《集装箱模块化组合房屋技术规程》CECS 334：2013的推行及2016年2月发布的《中共中央 国务院关于进一步加强城市规划建设管理工作的若干意见》提出"力争用十年左右时间使装配式建筑占新建建筑的比例达到30%"，集装箱建筑规范将逐渐完善，使集装箱建筑有法可依、有据可循，且随着装配式建筑的发展，集装箱建筑也越来越多地进入城市空间，并逐步形成产业化的机制。

更重要的是，集装箱建筑介于建筑作品与工业产品、标准与非标准、固定与移动空间之间，其坚固耐用、防风防震、防潮防水、节能减排、环保低碳、经济实惠等特点独一无二。[⑤]它的神奇魅力还在于，既是高度精确与复杂协调技术的产物，又是自由拓展与灵活适变的源泉。它既可以是城市物流与可移动空间，又可作为城市更新过程中，解决城市更新发展过程中闲置用地激活的阶段性策略。其施工工具有便利性、快捷性及多功能性，用最短的时间换取弹性灵活的空间，用空间激活的手段换取土地开发利用的时间空隙，为可持续发展与降碳减排的目标提供了一条全新的发展路径。

① 吉秀峰. 集装箱房屋发展的宏观环境及面临的机遇和挑战［J］. 集装箱化，2011，22（2）：26-29.
② 贡小雷，张玉坤. 集装箱建筑的建筑改造———一种可持续建筑的发展尝试［J］. 世界建筑，2010，（10）：124-127.
③ 万正. 集装箱建筑的空间形式探索与发展研究［J］. 山西建筑，2016，22（4）：26-29.
④ 崔立勇. 废旧集装箱：不进钢厂变身住房［N］. 中国经济导报，2009-12-26（2）.
⑤ 贡小雷，张玉坤. 集装箱建筑的建筑改造———一种可持续建筑的发展尝试［J］. 世界建筑，2010，（10）：124-127.

第 2 章

集装箱建筑之业态

集装箱建筑作为现代建筑类型中最有活力的类型，其坚固耐用，气密性能优良，造型适用多变，满足标准化制造、模数化建造、低碳环保、低成本建设的多种需求，使其对商业空间、公共空间及居住空间等多种业态，都具有广泛适用性。

2.1 集装箱建筑之商业性业态

集装箱建筑灵活多变的特点，与当今时代人们快捷多变的生活方式非常契合，故在传统商业的更新换代以及新型的商业模式中可以更好地应用。以下将从游牧式商业、品牌概念店、服务型商业、创意办公、科研创新等方面阐述其商业性业态。

2.1.1 游牧式商业

集装箱建筑具有可移动性和高度集成性等特点，对集装箱建筑进行一定的空间改造，形成可移动的临时商业建筑，由此诞生被称为"游牧式商业"的运营模式。[①]所谓游牧式商业指商业空间并不具有固定的场所，而是拥有可移动的场所。游牧式商业打破了传统思维商业品牌店固定场所的运营模式，适应需要做巡回展览的商业产品及其他临时性商业[②]，可理解为具有以下特点。

1．地点可移动性

集装箱的可移动性使之可在不同的活动举办地之间便捷运输，或在不同时段转运并重复利用，这种移动性能够适应快速变化的城市环境和社区的可变需求，如位于深圳的"都市中的健身集装箱"。

超级猩猩健身仓

超级猩猩健身仓位于深圳市CBD卓越世纪中心中庭广场上，该建筑由两个黑黄相间的集装箱拼接而成，总建筑面积86m²，占地面积较少，可在较短时间内转运并进行二次使用（图2.1-1）。

（1）智能化改造。该集装箱最大的特点在于其24小时无人值守的自主化运营模式，顾客只需要通过手机微信预约使用时间，并可在预约系统自主调节健身仓的空调、灯光、门禁等系统。智能集装箱健身房有效满足了当代青年人利用上班空余时间健身锻炼的需求。

（2）空间有效利用。集装箱通过走廊将两个箱体连接，为了确保集装箱内部空间的通透性，设计师在面向广场中心的一面设置了大面积的落地玻璃窗，为室内提供了开敞明亮的光线。内部空间配置有氧和力量训练区、器械区与更衣区等，通过对空间的有序组织，解决了室内公共与私密性的不同空间需求（图2.1-2）。

图2.1-1　超级猩猩健身仓

（底图来源：ArchDaily. 都市中的健身集装箱——超级猩猩健身舱/马跃

[EB/OL].（2016-06-03）[2024-02-15]. https://www.archdaily.cn/cn/788709.）

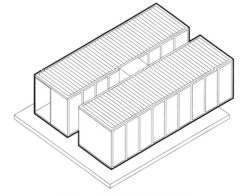

图2.1-2　健身仓空间模式图

（图片来源：陈敏仪绘）

---

① 郭雪婷. 集装箱改造建筑设计研究［D］. 南京：南京工业大学，2013：45-50.
② 贡小雷，张玉坤. 集装箱的建筑改造——一种可持续建筑的发展尝试［J］. 世界建筑，2010，（10）：124-127.

除此之外，集装箱案例还有OPEN集装箱和可移动的啤酒花园，见表2.1-1。

其他游牧式商业集装箱案例（来源：根据相关资料整理） 表2.1-1

名称	OPEN集装箱	可移动的啤酒花园
地点	澳大利亚悉尼	德国柏林
建筑面积	1层，140m²	2层，1800m²
建筑形态	6个标准集装箱并列组合，展览结束后将其拆除，移至其他地点	38个旧海运集装箱多层次交错形组合，可被轻松拆卸并在其他地点重新组装
功能	举办文化艺术展览，进行文化交流和艺术创作	餐厅，啤酒花园，啤酒酿造
图示		

2. 功能高度集成

集装箱功能的高度集成是指在一定空间范围内集成了多种不同的功能类型，例如办公、住宿、商业等，以满足不同场景下的不同使用需求。这种高度集成的特点主要得益于集装箱的模块化设计和标准化尺寸，使用者可根据其需求，通过叠加、并联、错位等空间操作手段灵活地搭配组合，构成一个建筑整体。同时，通过内部装修和设备配置，实现多种不同功能的自然过渡与转换，例如盒子公园（BOXPARK）集装箱购物中心。

盒子公园集装箱购物中心

世界上第一个临时购物中心——盒子公园集装箱购物中心，由英国BDP建筑事务所负责设计，位于英国首都伦敦东克罗伊登区车站旁的Ruskin广场上。该建筑由60个风格迥异的集装箱拼接、组合、堆叠而成，建成耗时不足一年，建成五年后被拆除，并转移到其他区域进行再利用（图2.1-3），其特点如下。

（1）半封闭式商业空间。设计创造了一个半封闭式的商场大厅，而模块化的商业单元和户外露天平台空间环绕在大厅周围。由于车站入口和商场周边道路之间的高差变化，人们可以从多个入口和平台进入，增加了空间层次与趣味。

（2）租赁式集装箱店铺。60个标准型号的集装箱经过改装，每一个集装箱租赁给选定的特定品牌。整个公园容纳了超过40家零售商店、咖啡馆、餐厅和画廊等业态，创造了新颖独特、低成本与低风险的"箱式店铺"。当租约到期时，所有集装箱可拆除并再利用，土地可原样返还给所有者（图2.1-4）。

（3）低能耗建造。集装箱购物中心并未消耗大量施工资源，通过提供低成本的零售空间，在短短几周内，集装箱体和支撑结构现场组装搭建，节省了大量的资金与时间。并且，集装箱墙体采用厚绝缘层材料，使保温效能提高，减少了对空调设备的依赖，是一种简便经济和绿色低碳的建造方法。

图2.1-3 盒子公园集装箱购物中心

（底图来源：ArchDaily. 伦敦克罗伊登集装箱公园/BDP[EB/OL].（2016–12–09）[2024–02–03]. https://www.archdaily.cn/cn/800635.)

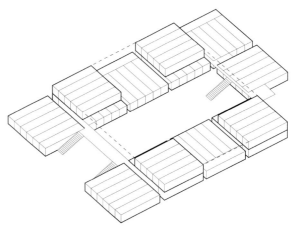

图2.1-4 盒子公园集装箱购物中心空间模式图

（图片来源：陈敏仪绘）

3. 城市闲置空间触媒

利用集装箱作为一种工具或媒介，来激活城市中处于闲置状态的空间，空间和场地之间相互影响，产生更多催化剂，带动场地周围地区的业态发展，增加商业活力与人气。同时，集装箱的独特造型和设计更能够吸引各种年龄人群的关注，提高公众对城市空间的关注度和参与度，形成互动性和共享性的城市文化氛围，例如郝家村集装箱街区和"宣言"市集。

郝家村集装箱街区

由北央和行止计画建筑事务所设计的郝家村集装箱街区，位于陕西省西安市长安区郝家村，是城市扩张过程中位于城中村边缘的闲置用地，如何化解城村对峙的格局是设计需解决的关键点。

街区占地面积约5000m²，平面布局上由8个12m×12m大小的集装箱组合单元错落组合而成的新型集装箱聚落，保证每个单元对城市空间的开放性（图2.1-5）。为了解决街区地坪与街道1.5m左右的高差问题，设计师采用了三层台地的方案，北侧主要城市界面后退，退出三块活动院落，构成棋盘状的围合空间。同时，二层通廊串接了8个集装箱单元聚落的屋顶平台，并设置了6部楼梯与一层连接，使场地空间维持良好的连续性。

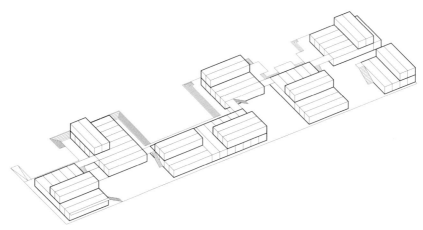

图2.1-5 郝家村集装箱街区空间模式图

（图片来源：陈敏仪绘）

依托当地丰厚的文化资源和历史底蕴，每个集装箱都有着不同的功能业态，咖啡店、展览馆、创意工坊、艺术工作室等样样俱全。街区内还容纳一个小型室外舞台，满足居民集会表演与运动比赛之需。街区以灵活粗放的业态、低控制性的建造方式与单元化的集装箱聚落形态，创造了多元与活力的城市日常样态，在城市与乡村对峙的秩序中寻求空间平衡，也激活了闲置城市用地（图2.1-6）。

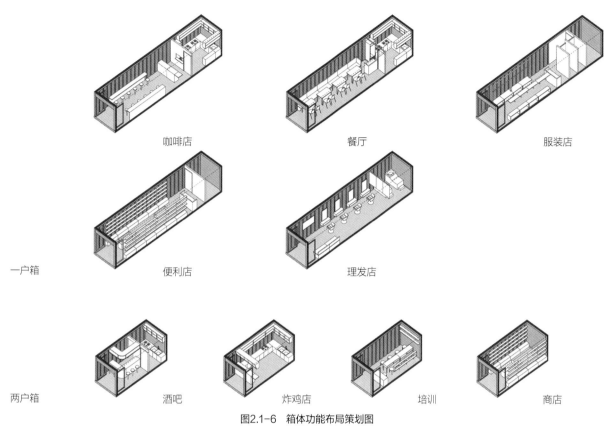

咖啡店　　　　　　　餐厅　　　　　　　服装店

一户箱　　　便利店　　　理发店

两户箱　　　酒吧　　　　炸鸡店　　　培训　　　商店

图2.1-6　箱体功能布局策划图

（图片来源：ArchDaily. 郝家村集装箱街区／行止计画＋北央设计[EB/OL]. （2020-07-08）[2024-02-03]. https://www.archdaily.cn/cn/943191.）

2.1.2　移动品牌概念店

移动品牌概念店是指以品牌形象和宣传为核心，通过移动式的店铺形式进行推广和销售的商业模式。通常设置在繁华地段的临时性商业店面，零售商在相对较短的时间内推销品牌，结束后即消失，也就是传统意义上的品牌快闪店。其次，概念店往往兼具更为高品质的艺术美学与功能性，其所具有的特征为青年人的社交行为创造了富有创意与多元化的交流方式，符合消费者的本源心理与行为需求。集装箱的适变性与可移动性为品牌概念店的快速销售方式与高效推广模式提供了更广阔的空间。

1. 交通型概念店

集装箱在货流或汽车售卖展示中心中应用颇为广泛。它通常被改造成一个具有创意和吸引力的展示空间，可以方便地展示货物或汽车。同时，集装箱可以被定制为适合储存与运输货物的空间，方便货物的收纳或展示，也可为消费者提供舒适而私密的试车空间。

葡萄酒概念店

集产品展览与消费为一体的葡萄酒品牌概念店，由奥地利建筑事务所设计，该集装箱位于奥地利的一条高速公路附近，业主希望扩大原有的葡萄酒物流中心，并将其改建为一个集展览、物流仓储与营销为一体的全新品牌概念店（图2.1-7）。

概念店采用物流行业常见的集装箱单元作为构架的主要元素，目的是构建一个60m长、12m宽的大型红酒展示框架（图2.1-8）。每一个箱体所容纳的商品多种多样，色彩丰富的集装箱表皮上刻画的标识代表着商品的品牌信息，如葡萄酒、杜松子酒等。酒类商品即将从这里出发，运往世界各地。

图2.1-7 葡萄酒概念店夜景

（底图来源：搜狐. 助燃城市烟火气, 互集推出一系列集装箱商业产品[EB/OL].（2022-07-12）[2024-02-03]. https://www.sohu.com/a/566643808_120117891.）

图2.1-8 葡萄酒概念店外观

（底图来源：集装箱商业 高速公路边"超大型的红酒架"_上海集装客[EB/OL].（2022-07-12）[2024-02-03].http://www.artboxxer.com/case-item-231.html.）

品牌店由货架区和零售店两个部分组成，兼具城市公共艺术和商业销售双重效能。建筑底层封闭，用于商品储存和零售，室内采用明亮的木质饰面和黑色金属饰面，营造出温馨而舒适的购物氛围。同时，店内还设有一个开放式的操作间，让顾客可直接体验葡萄酒的制作过程，增加购物的互动性和体验感。建筑二层以上的框架主要是大型货架，用于商品展示，凸显具有特色的品牌元素（图2.1-9）。

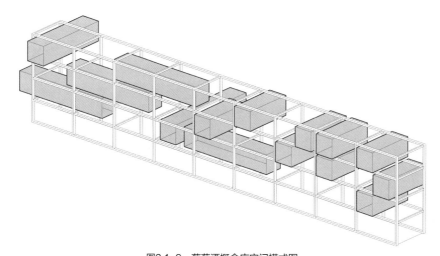

图2.1-9 葡萄酒概念店空间模式图

（图片来源：陈敏仪绘）

车展展厅

该展厅是由比利时建筑师设计的集装箱临时车展展厅，建筑面积为200m²。展厅由15个标准集装箱组成，通过巧妙地组合集装箱，创造出一个立体化、可移动的展示空间，能够灵活地根据不同的需求和场地进行组合和搭建。

设计考虑使用者的观展体验，提供了舒适的空间布局和充足的自然光线。室内空间采用木质地板和墙壁，与集装箱的金属材质形成了鲜明的对比，同时内部空间被划分为多个展示区域和休息区域，方便参观者进行观展与休憩（图2.1-10、图2.1-11）。

图2.1-10 车展展厅外观

（底图来源：集装客. MIC-展厅 |快速搭建而成且实用的集装箱临时车展展厅[EB/OL].（2022-09-09）[2024-02-03]. http://www.artboxxer.com/case-item-623.html.）

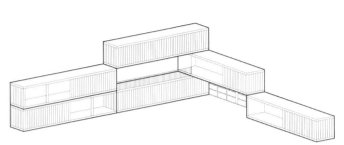

图2.1-11 车展展厅空间模式图
（图片来源：陈敏仪绘）

2. 服装品牌概念店

在服装零售行业中，集装箱可以被用作移动零售店、临时展示柜等，在其内部安装照明设备、展示架、试衣间等，方便消费者挑选服装。此外，由于集装箱的独特造型，可助力服装企业在市场中脱颖而出，树立自我的品牌效应，吸引更多消费者关注。

PUMA CITY集装箱专卖店

PUMA CITY集装箱专卖店位于意大利那不勒斯，由美国纽约LOT-EK事务所主持设计。这个印有巨型PUMA标志的红色"移动城堡"，不仅体现了PUMA的品牌形象，更为它吸引了不少关注；集装箱内部设计简洁明快，空间分配均匀和谐，全部聚拢时是一个整体的大型PUMA集装箱，而分开后就成为极具现代感的镂空的"PUMA CITY"（图2.1-12）。

建筑由24个独立的70ft集装箱自由装配而成，建筑面积达到1000m²，概念商店共有三层空间，第一层作为零售店面，第二层安排员工办公室、记者工作区和储物仓库，第三层提供酒吧、休息室和室外露台空间。

集装箱单元通过平行排列，相互错落构成三层丰富的悬挑空间、二层平台空间与顶层的露台空间。在交错的箱体表皮巧妙地设置了落地窗，使自然光线进入室内展示区域，并在适当位置贯通上下两层集装箱空间，使原本封闭的集装箱建筑室内空间更为明亮宽敞，营造出具有时尚感的品牌展示效果（图2.1-13）。

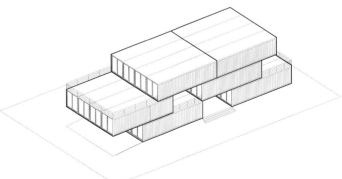

图2.1-12 PUMA CITY集装箱专卖店空间模式图
（图片来源：陈敏仪绘）

图2.1-13　PUMA CITY室内实景

（底图来源：ArchDaily. 集装箱大王LOT-EK
采访："集装箱是创造新建筑的载体" [EB/
OL].（2018-01-17）[2024-02-04]. https://
www.archdaily.cn/cn/886908.）

除了上述案例外，还有优衣库移动体验店、JUNPING护肤品快闪店与智利阿迪达斯展览馆（表2.1-2）。

其他服装品牌概念店集装箱案例（来源：根据相关资料整理）　　　　表2.1-2

类型	优衣库移动体验店	JUNPING护肤品快闪店	智利阿迪达斯展览馆
位置	纽约	上海	圣地亚哥
建筑形态	单层长20ft、宽8ft、高8ft的集装箱	单层长12m、高2.8m的集装箱，以材质与灯光效果展现科技感，烘托实验室风格	由4个长4m、宽2.5m、高2.5m的集装箱堆叠而成
功能	衣物展示与零售	护肤品展示与零售	运动鞋展示与零售
图示			

3. 餐饮品牌概念店

集装箱概念店可根据餐饮场所的不同需求进行定制，创造出个性化的餐饮体验。在餐饮业中，集装箱通常用于创建酒吧、咖啡馆、快餐店、冰淇淋店、烧烤店等小型餐饮场所。一些创新企业甚至将多个集装箱组合成整体，塑造出规模更大的餐饮空间，提供特别的餐饮体验。此外，集装箱也可用于创建临时厨房、仓库、储藏室等，代表性的建筑有中国台湾花莲的集装箱星巴克。

花莲集装箱星巴克

全球最大亚洲首家的集装箱星巴克坐落于中国台湾花莲洄澜湾区，由日本著名建筑大师隈研吾亲自操刀设计，灵感来源于中国的斗栱和咖啡树枝叶，体现其"负建筑"的设计理念，保护和融入自然环境，让门店和周围景观和谐共处（图2.1-14、图2.1-15）。

图2.1-14 花莲星巴克外观

（底图来源：搜狐. 全球最大的集装箱咖啡店——星巴克造[EB/OL].
（2018-10-18）.[2024-02-04]. https://www.sohu.com/a/260369919_763278. ）

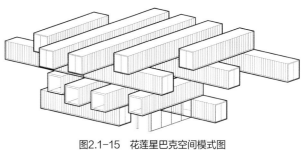

图2.1-15 花莲星巴克空间模式图

（图片来源：陈敏仪绘）

在建筑形态上，整个建筑共4层，由29个白色集装箱穿插、堆叠与拼装而成，采用纯白色的主色调，显得空间干净纯粹，简洁又不失趣味。集装箱体块逐层大幅度悬挑，天窗与玻璃窗交错堆叠，使咖啡馆室内空间充满视觉层次与趣味感。纵向可看到来往的人群，横向则可看到层层嵌套的方形景框，最后透过玻璃窗可远眺花莲绵延起伏的山体轮廓线。集装箱背后的类马赛克装饰墙，运用了当地阿美人代表性的鲜艳色调喷绘而成，凸显了地域民俗文化特色。

在室内设计上，隈研吾设计了一系列天窗和单窗格窗户，以便让自然光可进入集装箱内部，打破了传统集装箱的空间幽闭感，将其转化为宜人的餐饮与休憩空间。整个门店内共有86个座位，每层每个区域的装修风格都不尽相同，且尽量保留了集装箱原本的结构特性，仅在部分墙面增饰了带有咖啡元素的木板，并以中国台湾当地的阿美人色调和墙绘作为点缀，在集装箱两端设置了大面积的全景落地玻璃，增加了视觉空间渗透感，保证顾客全景欣赏窗外花莲洄澜湾的旖旎山川和海景（图2.1-16、图2.1-17）。

图2.1-16 花莲星巴克室内实景1

图2.1-17 花莲星巴克室内实景2

（底图来源：搜狐. 全球最大的集装箱咖啡店——星巴克造 [EB/OL]. （2018-10-18） [2024-02-04].
https://www.sohu.com/a/260369919_763278. ）

2.1.3 旅游服务类商业

集装箱旅游服务类商业是一种新兴的住宿方式,将集装箱改装成为住宿设施,给旅游者作为临时住宿选择。它通常包括一系列的集装箱房间,每个房间都配备了床铺、卫生间和娱乐等基本设施,以及适当的通风和采光。通过改装设计,创造出各种不同的住宿体验,比如海景房、森林屋等,以满足不同游客的旅游体验需求。

1. 民宿

由于集装箱的结构稳定、可塑性强和可移动性等特点,将其转化为可居住的临时住宿空间,与传统民宿相比,集装箱民宿具有更强的适变性与独特的工业风,广受年轻旅游者的喜爱。集装箱民宿可根据使用者需求进行灵活组合和可变布局,塑造不同主题风格的民俗聚落。室内空间也可根据民宿功能和主题氛围营造不同的室内设计风格,如现代简约风、工业风、海洋风等,在有限空间内创造出别具一格的居住体验。

行者驿站集装箱主题民宿

行者驿站集装箱主题营地位于山东济南野生动物园植物世界西侧的河畔,由栖舍建筑设计事务所设计,总面积达4048m²,设计以"动物之家"作为主题,包含特色餐厅、星空露营、住宿等空间功能。这种可回收利用、可拆卸的设计材料和在自然中嬉戏的设计理念,使建筑最低限度地影响公园的自然生态环境,最大限度地增加游客在场地与空间中探索的趣味感。由100多个集装箱拼合而成的10个集装箱院落单元,仿佛散落在大自然中的集装箱盒子,和公园茂密的丛林浑然天成,融为一体(图2.1-18、图2.1-19)。

图2.1-18　行者驿站俯瞰图

(图片来源:ArchDaily.行者驿站集装箱民宿 / 栖舍建筑[EB/OL].(2021-09-22)[2024-02-04]. https://www.archdaily.cn/cn/968672.)

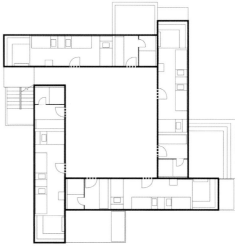

图2.1-19　飞鸟营地首层平面图

(图片来源:陈敏仪绘)

规划布局上,通过提取与转译动物的外形特征和群居组合方式对空间进行设计构思,形成一个个抽象的动物模块,如熊猫餐吧、飞鸟营地、吉象营地、虎啸营地、战狼营地等特色主题模块。每个住宿单元模块依据自然景观错落有序地分布在场地之中。建筑师选取了五种明快的颜色代表最具特色的动物,并将其涂画在集装箱立面上,形成鲜明且简约的外观:粉色——火烈鸟、灰色——大象、黄色——老虎、深蓝——雪狼和黑白——熊猫，唤起游玩者的探索兴奋感，创造难忘的住宿体验（图2.1-20、图2.1-21）。

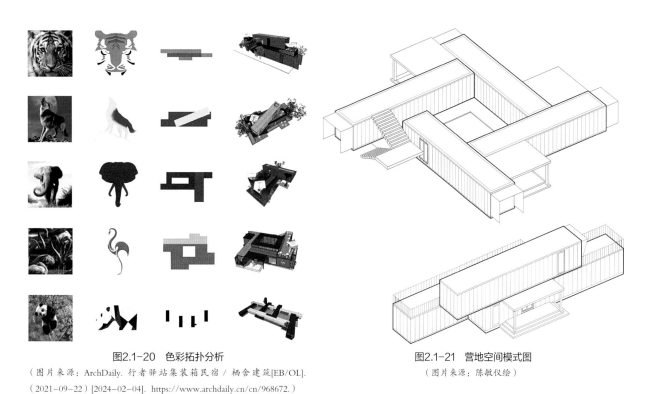

图2.1-20　色彩拓扑分析

（图片来源：ArchDaily. 行者驿站集装箱民宿／栖舍建筑[EB/OL].
（2021-09-22）[2024-02-04]. https://www.archdaily.cn/cn/968672.）

图2.1-21　营地空间模式图

（图片来源：陈敏仪绘）

除了上述案例外，还有The Gayeulles Campsite与卡萨青年旅馆（表2.1-3）。

其他民宿集装箱案例（来源：根据相关资料整理）　　　　表2.1-3

名称	The Gayeulles Campsite	卡萨青年旅馆
位置	法国雷恩	越南岘港
建筑形态	单层，水平拼接3个20ft集装箱；外观采用大量木质材料和玻璃窗	双层，垂直拼接60个集装箱；采用不同颜色和不同排列方式的集装箱
功能	住宿，游泳池，儿童游乐区，自行车出租等	住宿，公共休憩，满足游客社交需求
图示	 	

2. 营地

集装箱营地应用范围十分广泛，可用于野外露营、户外活动、探险旅游、体育训练等用途。

斯堪的纳维亚度假营地和海军陆战队集装箱营地

集装箱营地位于波兰扎托尔主题公园附近，是由挪威公司DSGN建造，占地面积2.5hm²（图2.1-22）。营地分为两个部分，斯堪的纳维亚度假营地由27个集装箱组合而成，形成餐厅、酒吧、商店、露营、运动、户外沙滩等多个区域，是一个兼具创意、文化、美食和娱乐的旅游综合体。所有集装箱都是临时性的和可移动的，突出了当地的传统氛围和斯堪的纳维亚风格。

图2.1-22　度假营地外观

（图片来源：箱房网. 集装箱主题酒店，所有娱乐设施一站式配全[EB/OL].（2023-01-14）[2024-02-05]. http://www.cnxfw.com/news/show-2167.html.）

挪威海军陆战队集装箱度假营地由10个集装箱组成，其中6个为客房，2个为浴室和淋浴间，1个为厨房，1个为休息室。客房均配备舒适的双人床、空调与暖气等基本设施。集装箱之间以木制平台相连，大片草地和森林在周围环抱着营地，为游客提供隐秘而自然开敞的度假体验（图2.1-23、图2.1-24）。

图2.1-23　度假营地客房1

图2.1-24　度假营地客房2

（底图来源：箱房网. 集装箱主题酒店，所有娱乐设施一站式配全[EB/OL].（2023-01-14）[2024-02-05].http://www.cnxfw.com/news/show-2167.html.）

3. 农庄

集装箱作为一种具有经济性、安全性和绿色环保价值的常见物流工具，不仅可以更好地推广绿色生态农业的理念，还可以增强农产品的品牌效应和市场竞争力。例如，利用集装箱进行生态种植、养殖和采摘等生态农业项目，提供新鲜、健康、有机的农产品，满足消费者对于健康生活与环保理念的需求。

上海多利农庄

多利农庄是上海最大的有机食品农庄，其产出的各种有机蔬菜和水果均由环保部检验认证通过。该建筑采用集装箱建造而成，结合接待、门厅、VIP、办公和食品包装等空间功能，植入的各项环保措施使其成为一座可持续性建筑（图2.1-25）。[①]

集装箱在整体布局上遵循了上海的气候条件和农场生产空间的需求。建筑主入口采用悬挑集装箱，引导参观者进入建筑接待与两层通高的门厅空间。由三层集装箱堆叠而成的大堂是整个建筑的核心空间，穿过大堂后参观者即可到达内部庭院，在内院停放的电动车可将参观者带到农庄的酒店客房及其各个角落。建筑二层的两座天桥可连接到办公区域，办公区域多为保留的厂房建筑，加建的集装箱办公空间被覆盖在厂房屋面的下部，厂房的原东立面已被拆除，形成面向生产区的建筑内立面（图2.1-26）。

图2.1-25　多利农庄外景

（底图来源：gooood.多利农庄，上海/Playze[EB/OL].（2013-01-05）[2024-02-05]. https://www.gooood.cn/tony-farm-by-playze.htm.）

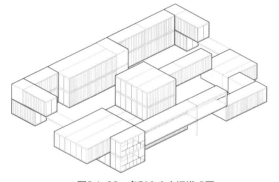

图2.1-26　多利农庄空间模式图

（图片来源：陈敏仅绘）

该建筑采用了一些适宜性的生态策略来降低建筑能耗，以达到环境保护的要求。整个建筑采用了保温隔热措施，而且集装箱立面在南向采用穿孔表皮，作为建筑遮阳处理，可控的排风系统也有助于优化通风换气比，并减少能量损失，LED光源设备的广泛应用也减少了电量消耗。

4. 休闲娱乐型商业

休闲娱乐型商业是大众喜闻乐见的商业模式，而集装箱的多功能性和耐用性使其成为休闲娱乐场所的理想选择之一。休闲娱乐型商业是指以提供休闲、娱乐服务为主要经营方式的商业模式，如主题公园、游乐园等，是人们在休闲时度假和休憩之所。由于集装箱坚固耐用，可以经受各种天气条件的考验，所以在休闲娱乐型商业中有着广泛的运用，其中比较具有代表性的案例有帕默塘休闲中心。

帕默塘休闲中心（Parmer Ponds The Pitch）

帕默塘休闲中心是位于美国得克萨斯州奥斯汀市北部的一处新型休闲综合体，由Mark Odom Studio设计，占地面积约8100m²，由23个集装箱组成（图2.1-27）。

① 何孟佳，Pascal Berger，Marc Schmit，等. 多利有机生态农庄［J］. 建筑技艺，2013，（2）：124-129.

图2.1-27　帕默塘休闲中心外景

（底图来源：Construction Specifier. Shipping containers become key motif in Austin FC soccer complex[EB/OL].（2023-01-03）[2024-02-06]. https://www.constructionspecifier.com/shipping-containers-become-key-motif-in-austin-fc-soccer-complex/.）

　　为满足不同使用者的需求，每个空间面积大小各不相同，建筑通过堆叠方式，形成了空间交错和层叠感，不仅节省了场地空间，也为游客带来更加丰富的视觉体验。在室内设计方面，帕默塘休闲中心不同楼层都被设计成了不同的功能区域以满足不同的需求，如底层是大型的户外运动场，二层是一个室内运动场和一个观众席区域，提供了可欣赏美景和享受美食的体验，顶层则是一个餐厅和一个酒吧，多功能的竖向布局为游客提供更为流畅的空间体验（图2.1-28）。

　　设计团队的理念是创造一个与自然和谐共生的社区场所（图2.1-29）。建筑和景观设计采用了许多环保材料和技术，例如太阳能供电、收集雨水供灌溉和净化等。建筑的外立面设计和材料选择也融合了当地的文化特色和自然元素，如石材、木材和玻璃等的使用，使休闲中心与周围自然环境相得益彰。

图2.1-28　帕默塘休闲中心内部实景图

（底图来源：Construction Specifier. Shipping containers become key motif in Austin FC soccer complex[EB/OL].（2023-01-03）[2024-02-06]. https://www.constructionspecifier. com/shipping-containers-become-key-motif-in-austin-fc-soccer-complex/.）

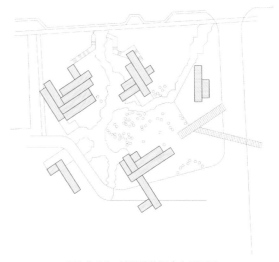

图2.1-29　帕默塘休闲中心平面图

（图片来源：陈敏仪绘）

2.1.4　办公科研空间

由于集装箱建筑自身在立面形态、体量造型以及建筑色彩方面的自由与创新性，使得由集装箱建筑改造而成的个性化创意办公空间成为当下年轻人及众多创新创业公司和创客园区的新潮建筑类型。

1. 办公与生产空间

集装箱办公科研空间在灵活性、可持续性、经济性和安全性方面具有很大的优势，可以为企业和组织提供高效、舒适、安全和环保的工作和研究空间。

Cargo集装箱办公室

Cargo集装箱办公室位于瑞士日内瓦的城市中心，这里曾经是一座工厂的生产大厅，现在被改造成建筑团队Group8的新办公空间。

为了充分利用面积780m²、室内净高9m的生产空间，室内表面被全部涂上纯白色。在大厅进深的一部分竖向摆设了16个被回收利用的色彩各异的废旧集装箱，占地200多m²。每个独立的集装箱被作为会议室、餐厅、休闲区、浴室等公共空间使用，并根据使用功能需要分设在底层与二层不同的垂直空间（图2.1-30、图2.1-31）。

图2.1-30　Cargo室内

（图片来源：ArchDaily.Cargo/group8[EB/OL].（2014-03-18）[2024-02-06].
https://www.archdaily.cn/cn/601090.）

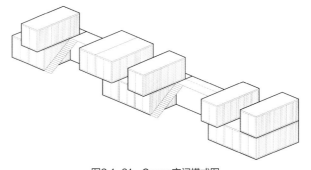

图2.1-31　Cargo空间模式图

（图片来源：陈敏仪绘）

为了增加集装箱的室内通透感，集装箱公共空间面向大厅的两端立面开设落地玻璃窗。二层的集装箱单元之间空置的区域成为办公空间的二层平台，并设置钢楼梯连接上下层空间，为办公人员提供休闲活动的开敞空间，贯通集装箱公共空间两端的办公区域。

MALPYO工厂

MALPYO工厂坐落于韩国金浦市，总面积为4797m²，由URBANTAINER规划设计。MALPYO工厂正朝着现代和潮流品牌转型，设计师以此作为出发点，克服工厂作为生产场所的传统概念，创造了一个可以承载公司新品牌的标识空间。

空间布局分隔与融合并重：传统工厂往往给人带来冰冷封闭的感受，刻板的流水线与办公区域并无直接联系，但是高质量的生产品质往往离不开有效的沟通。为了获得更高的工作交流效率，MALPYO工厂的建筑布局被分为生产与办公两个部分，办公区呈现出一定角度，就像是从生产车间延伸而出的，办公室与生产空间连接在一起，区域之间的隔墙是由玻璃制作而成的，为办公室与生产车间之间提供双向透明的视野（图2.1-32）。

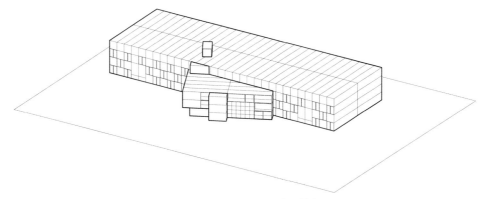

图2.1-32　MALPYO工厂空间模式图

（图片来源：陈敏仪绘）

便捷的流线组织：MALPYO工厂的流线设计非常注重生产效率和工作人员的舒适度。在物流动线组织上，采用了直线形布局便于产品运输和管理；物流动线两侧设置宽敞的走道，便于工作人员在运输过程中进行检查和维修。此外，物流动线两侧还设置了大量的储物架，方便物料的分类存储和管理。

颜色与材质的烘托：办公区域用集装箱搭建，创造了一个具有独特个性的高效建筑空间，集装箱的主色调为白色，三层以上涂成明亮的橙色与黑色，带有MALPYO工厂的商标，大胆的撞色处理使建筑标识度很高。外立面采用了大面积的落地玻璃窗，这些窗户可以提供充足的自然光和通风效果，同时也增加了建筑的通透性和现代感（图2.1-33、图2.1-34）。

图2.1-33　MALPYO工厂大面积玻璃窗

图2.1-34　MALPYO工厂局部透视

（底图来源：集装客. 集装箱工作室｜模块化建筑工厂到办公室的完美融合[EB/OL].（2022-01-19）[2024-02-07]. http://www.artboxxer.com/case-item-502.html.）

除了上述案例外，还有双六办公室（Sugoroku Office）与班加罗尔集装箱办公室（表2.1-4）。

其他办公与生产空间集装箱案例（来源：根据相关资料整理）　　　　　　　　　　　表2.1-4

名称	双六办公室（Sugoroku Office）	班加罗尔集装箱办公室
位置	东京都世田谷区	印度班加罗尔
集装箱数量	7个集装箱通过钢架组合而成，面积约为111m²	由14个集装箱拼接而成，总建筑面积约为500m²
建筑形态	三层，呈矩形排列，右侧悬挑出一部分露台，中间设置通高中庭	集装箱单元之间相互交错，形成空间网络

续表

特点	采用模块化设计，便于组装和拆卸。立面上用大面积玻璃，增加室内外空间通透性。室外采用铝板覆盖的墙体，增加了立体感	空间利用率最大化，每个区域都被充分利用，并通过不同颜色的集装箱来区分不同的功能
功能	办公空间，会议室，卫生间，休息区等	工作站，体验中心，餐厅，室外平台等
图示		

2. 创客园区

集装箱创客园区通常包含一系列的集装箱模块，每个模块可以根据具体需求进行灵活组合和布局。这种模块化的设计可以根据不同的需求进行自由组合，从而形成多样化的工作场所，如办公室、工作室、展示空间、会议室、咖啡吧、书店、便利店、剧场、大型会议空间、停车场等，可满足不同创客企业的需求，同时还可提供各种协作机会、社交空间与生活配套服务设施。

上海智慧湾集装箱创客部落

智慧湾科创园位于上海市宝山区蕴川路6号，是由张江"创客加"专门为文化、设计、新媒体等创客们打造的时尚版众创空间。其园区结合原有工业建筑结构特色，创新性地以集装箱为载体，建设世界上最大型的花园式创客办公空间，吸引了大量优秀创业团队、文创企业与文艺创客入驻（图2.1-35）。

图2.1-35　创客部落外观
（图片来源：佘未旻摄）

园区内的集装箱办公区分为四类色调的功能建筑，分别是黄色、橙色、绿色与蓝色集装箱，其形态和规模各有特色。大体上均是以集装箱为载体改装成办公空间，底层架空作为敞开式停车场，二层为宽敞且相互贯通的露台，连接着各小型集装箱办公群落（图2.1-36、图2.1-37）。集装箱表皮进行了特殊的保温隔热处理，以确保箱内的温度不受室外天气变化影响。

图2.1-36　科创园底层停车空间
（图片来源：余未旻摄）

图2.1-37　科创园二层露台空间
（图片来源：余未旻摄）

据园区管理人员介绍，在这些集装箱办公区，不必考虑装修与设计，园区提供的定制化服务使创业者只需根据团队大小、成本预算、空间配置等提出需求，箱体组合、空间搭建，以及隔热层、降温设备、网线，就连照明设计都可以按需"点菜"，精装或减配，降低初期创业成本（图2.1-38）。

图2.1-38　科创园室内办公空间
（图片来源：智慧湾提供）

土耳其集装箱公园

土耳其集装箱公园位于土耳其北部新兴的大都市伊兹密尔中心的科技园，由Atolye Lab主持设计。这个1000m²的科技园为致力于生物、能源、材料和软件研究的土耳其国际公司提供独立的研究场所（图2.1-39）。

土耳其集装箱公园中不仅广泛地使用了可循环利用的材料，还展现了其生态策略，如在集装箱布局上，将面阔宽的边布置在南北向，进深窄的边布置在东西向，保证被动式太阳能和自然通风策略能最大化地发挥效益。保留的树木作为最佳的遮阳设施可以让阳光从南面照进房间，建筑围护结构采用厚实的绝缘层设计，使用低功耗的空调系统，自然材料和LED照明系统，都有利于最大限度地减少建筑对自然生态的负面影响（图2.1-40）。

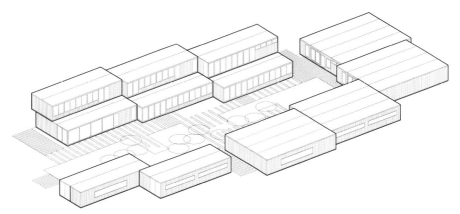

图2.1-39　土耳其集装箱公园空间模式图

（图片来源：陈敏仪绘）

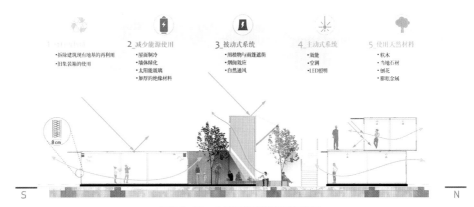

图2.1-40　土耳其集装箱公园分析图

（底图来源：ArchDily.土耳其集装箱公园/ATÖLYE Labs[EB/OL].（2016-01-18）[2024-02-07]. https://www.archdaily.cn/cn/780532.）

2.1.5　科研创新空间

在科研空间中，集装箱常常被用作独立的研究实验室、数据中心、控制室、展示区等。同时，多个集装箱可以根据需求组合成为大型的科研中心，提供更广泛的研究与咨询服务功能。除此之外，集装箱科研空间的设计还要考虑如何提供良好的环境和设施，如保证通风、照明、温度控制等，以及设备和仪器的安装和调试等。因此，科研空间的集装箱设计需要与专业人士合作，才能确保满足科学实验和研究的要求。

1. 科考站

集装箱科考站通常被用于进行极地科学研究，通常是由多个集装箱组合而成，可以进行拼装和拆卸，非常适合于需要频繁迁移的科学考察任务。同时，集装箱的材质通常为耐用钢铁，能够承受恶劣的气候和环境，保障研究人员的安全。并且，集装箱内部可以配置各种实验设备、通信设备、电源设备等，满足各种研究需求，为科学研究提供了很好的空间支撑。

印度巴拉蒂（Bharati）南极科考站

印度巴拉蒂（Bharati）南极科考站坐落于南极洲东北部的一个半岛上，由来自德国汉堡市的Bof建筑事务所（Bof Arkitekten）负责设计（图2.1-41）。

图2.1-41　巴拉蒂（Bharati）南极科考站外观

（图片来源：远东集装箱网．大型集装箱建筑：印度bharati南极科考站（1）[EB/OL]．（2013-10-06）[2024-02-07]．
http://www.fareastcontainers.com/news/13100604.html．）

　　整个建筑由134个海运集装箱构成，建筑面积达2500m²。集装箱外部采用航空绝缘金属层包裹，能够实现能源的自给自足。集装箱建筑的能量由热电混合装置提供，并且发电过程中产生的余热足以提供该站的全年供暖。整个建筑共分三层，底层包括实验室、储藏室和专门的技术空间；二层有24个单间与套间，其中包括客厅、厨房、餐厅、图书馆、健身房以及办公室等；三层为科学实验空间。由于该建筑自建造以来严格控制对环境的影响，因而在2006年荣获印度南极与海洋研究中心颁发的建筑奖项（图2.1-42、图2.1-43）。

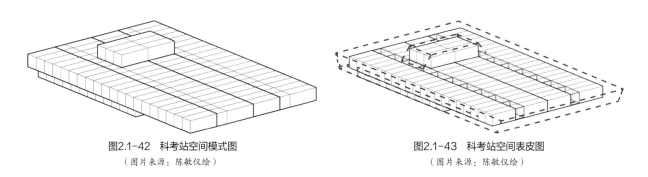

图2.1-42　科考站空间模式图　　　　　　　　　图2.1-43　科考站空间表皮图
（图片来源：陈敏仪绘）　　　　　　　　　　　（图片来源：陈敏仪绘）

2. 科学实验室

　　相较于传统的实验室建设，集装箱实验室的建设成本较低，建设周期短，为科学研究节省了时间和资源。同时，由于用地紧张问题，集装箱实验室占用的空间较小，可以在有限的场地内容纳更多的实验室设备，提高了场地的利用率，是一种实用高效的实验室建设方式，例如韩国大学生实验室就是用集装箱进行建造的。

韩国大学实验室

　　π-ville 99实验室坐落于韩国大学附近的一块空地，由城市强度建筑师（Urban Intensity Architects）团队负责设计，整个建筑由38个集装箱组成，建筑面积为1328m²。设计师将集装箱回收利用，改建成功能完善的创新建筑，旨在为学生提供额外的学习生活空间（图2.1-44）。

图2.1-44 韩国大学实验室

（底图来源：designboom. π−ville 99 converts discarded containers into experimental extension of korea university [EB/OL].（2019−04−28）[2024−02−08]. https://www.designboom.com/architecture/%CF%80−ville−99−urban−intensity−architects−korea−university−seoul−04−25−19.）

　　建筑师对集装箱进行处理时尽可能地保留了其原始外观。虽然该建筑看起来是一个临时结构，但目标是永久使用。通过集装箱单元的堆叠形成了错落的室内外空间，提供了充足的屋顶平台以及多种用途的封闭实验。

　　集装箱表皮被喷涂上热烈的红色和鲜艳的橙色，以充满活力的颜色来反映大学生的青春焕发与风采动人，开放的学习空间与传统的封闭性空间不同，它为激发学生的创造力和潜力提供了更多可能（图2.1-45）。

　　集装箱的交错堆叠形成适宜学生进行学习活动的空间，建筑由两个体量的空间组成；A区包含礼堂、自助餐厅、开放展览室和媒体室；B区包含工作室、顶层公寓、会议室和教室。露天走廊将两个建筑连接，形成了宽阔的露台（图2.1-46、图2.1-47）。

图2.1-45 韩国大学实验室外景

图2.1-46 韩国大学实验室室内

（底图来源：designboom. π−ville 99 converts discarded containers into experimental extension of korea university[EB/OL].（2019−04−28）[2024−02−08]. https://www.designboom.com/architecture/%CF%80−ville−99−urban−intensity−architects−korea−university−seoul−04−25−19.）

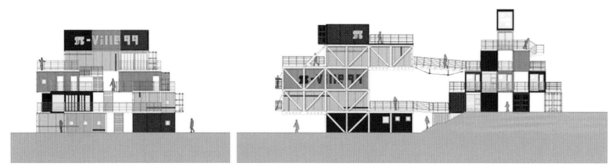

图2.1-47　韩国大学实验室立面图

（图片来源：designboom. π−ville 99 converts discarded containers into experimental extension of korea university[EB/OL].（2019−04−28）[2024−02−08]. https://www.designboom.com/architecture/%CF%80−ville−99−urban−intensity−architects−korea−university−seoul−04−25−19.）

3．孵化办公空间

在一些城市中，由于城市土地资源有限与快速的城镇化进程，传统的办公楼或商业建筑的建设成本高昂，规模较大。与此同时，人们对于办公空间的需求也在不断变化，例如对于更加灵活、舒适、独立的工作环境需求不断增加。因此，集装箱被广泛用于孵化办公区的建设。通过集装箱的灵活性和可移动性，孵化办公区可以在不同的场所进行快速地布局和拆除，以适应不同的企业需求。

HAI 3办公区

HAI 3孵化办公室由ibda design事务所负责设计，办公区位于阿联酋迪拜，用时8个月搭建完成，计划使用时间5年，具有鲜明的传统阿拉伯建筑风格。

该建筑由40ft和20ft两种尺寸的集装箱组成，以此基础上40ft集装箱共设计有6种空间布局，以适应不同的功能需求，容纳展览厅、图书室、祷告室、咖啡厅等；20ft的集装箱作为其附属建筑，散落在各个区域，主要用于仓库和多功能入口空间。每个建筑旁都有露天小花园，促进了室外活动的开展（图2.1-48、图2.1-49）。

可持续性的设计理念贯穿在建筑中，如办公区建筑均采用被动降温，通过"风塔"捕捉上部热压气流并将其引至地面庭院，从而诱导自然通风，充分利用了迪拜充裕的日照条件；室内使用了大面积的落地玻璃窗与高尾侧灯来实现被动照明。这一项目不仅仅为当地民众提供了更为广阔的就业平台，同时也为迪拜人才中心建设提供了更理想的工作空间环境（图2.1-50、图2.1-51）。

图2.1-48　HAI 3办公区外景

（图片来源：ArchDaily.Hai D3 办公区 / ibda design[EB/OL].（2019−11−28）[2024−02−08]. https://www.archdaily.cn/cn/779799.）

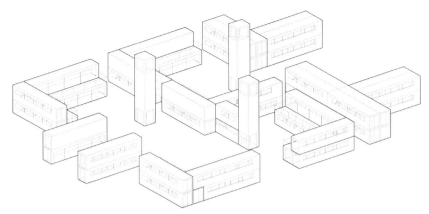

图2.1-49 HAI 3办公区空间模式图

（图片来源：陈敏仪绘）

图2.1-50 HAI 3办公区室内实景图

图2.1-51 HAI 3办公区外景

（底图来源：ArchDaily.Hai D3 办公区/ibda design[EB/OL].（2019-11-28）[2024-02-08]. https://www.archdaily.cn/cn/779799.）

2.2 集装箱建筑之公共服务性业态

集装箱建筑作为面向公众服务的公共属性功能时，公共环境设施、艺术展览和文创教育都是其常见的应用场景。

2.2.1 集装箱建筑之公共环境设施

1. 运动设施

集装箱的结构稳定性，使其可用于设计极具创意和冒险精神的运动设施，如滑板场、攀岩场、迷宫和水上运动中心。集装箱的模块化特点使其可以根据场地大小和形状，选择合适的数量和组合方式来设计和建造运动设施，不仅可以带来独特的视觉和感官体验，而且对于环保和可持续发展也有积极的作用。

海尔斯考（Halsskov）水上运动中心

海尔斯考（Halsskov）水上运动中心位于丹麦，注重回收和再利用旧材料，强调该地的原生特征，如裸露的混凝土码头和悠久的港口文化。该运动中心旨在提供独特、高品质、可持续和多功能的水上运动服务，为用户提供各种健身、休闲和娱乐活动，成为当地市民和游客前往的重要目的地之一（图2.2-1）。

该集装箱艺术装置由高度分别为4m、8m、11m的集装箱跳台堆叠而成，塔身逐层扭转，体块和阴影在此产生了有趣的互动，集装箱表面被涂以鲜艳的明黄色，成为港口醒目的地标。集装箱穿孔表皮设计可让人感受一天光影的变幻，层层向外悬挑的跳台以及不同的高度选择为跳水运动提供安全保障，封闭区域还设置更衣室与储存室等配套设施，以满足不同年龄段和健身要求的人群需求（图2.2-2）。

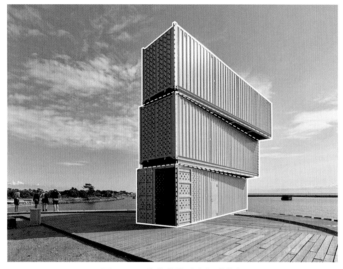

图2.2-1 海尔斯考水上运动中心

（底图来源：ArchDaily. 海尔斯考水上运动中心，三个集装箱一台戏/Sweco Architects[EB/OL].（2017-12-23）[2024-02-08]. https://www.archdaily.cn/cn/885892.）

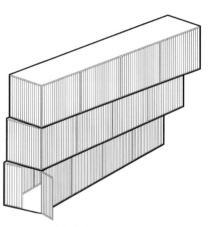

图2.2-2 海尔斯考水上运动中心空间模式图

（图片来源：陈敏仪绘）

除此之外，运动中心采用了多种可持续性设计和技术，如太阳能电池板、地源热泵、中水回收系统等，以降低能耗和环境污染，为用户提供更加健康和环保的运动环境。

柏林集装箱"沐浴船"（Badeschiff）

位于德国柏林市施普雷河（Spree）上的漂浮泳池，又被称作"沐浴船"（Badeschiff），是柏林艺术家Susanne Lorenz与西班牙建筑师AMP和Gil Wilk于2004年合作的一个艺术项目。流经柏林的施普雷河由于过度污染，无法满足人们在其中游泳的安全要求，于是艺术家想出了一个城市海滩的方案，旨在帮助市民实现能在河中自由游泳的愿望（图2.2-3）。

该"沐浴船"是由半潜式集装箱改造而成，设有沙滩、吊床和酒吧等休闲配套设施。民众可在里面一边游泳、晒太阳，一边欣赏周边的城市风景。在材质上，集装箱密封性好，灵活性强，可建造个性化的游泳池；在成本上，集

图2.2-3 集装箱"沐浴船"远景

（底图来源：搜狐. 建筑师与集装箱的19次邂逅[EB/OL].（2017-04-24）[2024-02-08]. https://mt.sohu.com/20170424/n490563711.shtml.）

装箱泳池造价低廉，并且方便拆卸运输。漂浮泳池可以让人们零距离置身河面，给公众带来独特的运动体验。

除此之外，还有卡塔尔974体育场和社区集装箱游泳池（表2.2-1）。

其他运动设施集装箱案例（来源：根据相关资料整理）　　　　　表2.2-1

名称	卡塔尔974体育场	社区集装箱游泳池
类型	体育场馆	社区游泳池
位置	卡塔尔多哈市	墨西哥墨西哥城
集装箱数量	974个40ft集装箱，占地面积450000m²	4个40ft集装箱，占地面积180m²
建筑形态	围绕体育场中心叠加组合，圆形布局	横向拼接
功能	世界杯足球场临时设施，设置观众席、休息区、餐饮区等区域	社区游泳池，容纳更衣室、淋浴和休息区等设施
图示		

2. 停车设施

集装箱具有较好的可塑性，可根据需要塑造形态各异的造型和结构，也可根据不同的场地条件和停车站的设计需求，选择不同数量和组合方式的集装箱以满足不同的停车需求。

自行车停车站

当下共享单车作为一种绿色便捷的出行工具，在城市随处可见，为我们的生活提供了快捷便利的交通，但自行车任意占道和停放问题的出现，也严重影响了城市的空间品质。

该停车站位于圣保罗市政厅旁，旨在建造可以快速组装、拆卸、运输的城市环境设施，集装箱便成为首选。集装箱表面被涂以明亮的橙色来提高空间的标识度，由于站点是24小时持续为用户提供服务的，因此站点内增加了如厕所、空调、保温、隔热、隔声材料等人性化设施。此外，它还具有智能化特点，可以与智能手机应用程序链接，让用户可以轻松地找到最近的停车点，方便快捷停车。这种设计将艺术和功能完美地结合，让自行车停车站成为城市的亮点，为城市注入了艺术气息，还有效地改善了市容市貌，提供高品质、人本化的城市环境（图2.2-4～图2.2-6）。

3. 公交车站

集装箱巴士公交站是一种非常有趣和具有工业风的环境小品，公交站内部有很多为旅客提供便利的设施，如舒适座椅、自动售货机、咖啡机、电源插座、Wi-Fi等，可让旅客在等待巴士的同时，享用周到贴心的餐饮与便利服务。集装箱提供了具有舒适感的候车环境，目前已在荷兰、澳大利亚、美国得到广泛应用。

图2.2-4 自行车停车站内部

图2.2-5 自行车停车站外景

（底图来源：集装客. 艺术与集装箱｜共享单车们的集装箱集散地[EB/OL].（2022-03-28）[2024-02-09]. http://www.artboxxer.com/case-item-545.html. ）

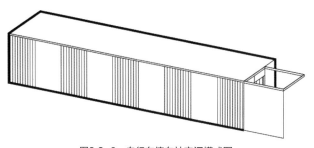

图2.2-6 自行车停车站空间模式图

（图片来源：陈敏仪绘）

愉快的等车时光——集装箱车站

设计团队NL利用集装箱在荷兰建造了一个候车亭，是将集装箱转化为可持续、经济实用的公共交通站点。车站由12m高的垂直放置的集装箱和三个水平放置的集装箱拼合组成（图2.2-7、图2.2-8）。立面造型为"十"字形的候车厅带来强烈的视觉冲击力，而黑白相撞的配色则为车站带来了稳重和雅致的氛围。除了提供作为基础的候车空间之外，集装箱一层还配备了小吃、饮料的售卖，乘客休息和社交空间等配套设施（图2.2-9、图2.2-10）。

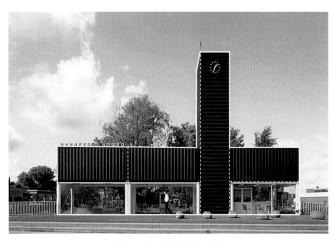

图2.2-7 集装箱车站外景

（底图来源：dezeen.Barneveld Noord railway station by NL Architects[EB/OL].（2013-10-29）[2024-02-09]. https://www.dezeen.com/2013/10/29/barneveld-noord-railway-station-by-nl-architects/. ）

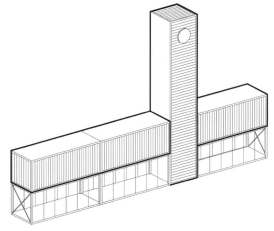

图2.2-8 集装箱车站空间模式图

（图片来源：陈敏仪绘）

车站采用了太阳能板和风力涡轮机等可再生能源设备，可以自给自足为车站提供所需电力，大大降低运营成本，并且减少对传统能源的依赖，更低碳环保。

图2.2-9　集装箱车站售卖空间

图2.2-10　集装箱车站社交空间

（底图来源：dezeen.Barneveld Noord railway station by NL Architects[EB/OL].（2013-10-29）[2024-02-09]. https://www.dezeen.com/2013/10/29/barneveld-noord-railway-station-by-nl-architects/.）

4．游船码头

集装箱强度高，稳定性高，能够承受海洋环境的冲击和风浪。同时，在码头设计中，需要考虑到安全因素，如加装栏杆、紧急救援设备等，为了确保游客安全，在内部可提供游客休息室、咖啡店、商店，甚至是游艇展示区等各种功能区域。集装箱游船码头为游客带来独特的视觉和旅游体验，也为码头提供新潮高效的服务设施，更为现代城市发展带来了新的可能和机遇。

游艇码头上的盒子

游艇码头上的盒子坐落在塞维利亚港口沿岸，由建筑事务所Hombre de Piedra精心设计完成。游艇码头的搭建建立起了港口与周边市区的联系。建筑由23个经过回收利用的集装箱建造而成的，仅用15天建造完成，通过模块数量的增加与拆卸来应对港口乘客量的弹性变化，并通过不断地调节空间布局应对塞维利亚常年湿热的气候（图2.2-11）。

图2.2-11　游艇码头上的盒子外景

（图片来源：Seville Cruise Ship Terminal by Hombre de Piedra + Buró4[EB/OL].（2014-06-11）[2024-02-10]. https://archello.com/project/seville-cruise-ship-terminal-by-hombre-de-piedra-buro4.）

在建筑空间形态上，采用横向排列的方式来避免了集装箱的面宽限制；集装箱平行放置，一二层交错排布，这种设计使室内空间看起来更为宽敞（图2.2-12）。底层是开放式游客接待大厅，二层建筑是独立的，可作为展览馆或休息室使用。此外，建筑整体高出地面，海水可以从下方流过，进一步强化了海上集装箱这一主题特色（图2.2-13、图2.2-14）。

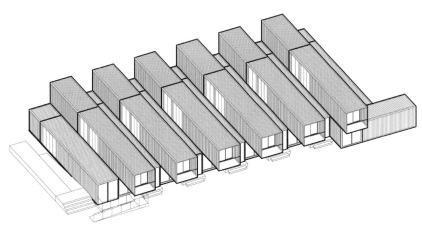

图2.2-12　盒子空间模式图

（图片来源：陈敏仪绘）

图2.2-13　盒子建筑空间形态

图2.2-14　盒子室内空间

（底图来源：Seville Cruise Ship Terminal by Hombre de Piedra+Buró4[EB/OL].（2014-06-11）[2024-02-10]. https://archello.com/project/seville-cruise-ship-terminal-by-hombre-de-piedra-buro4.）

在建筑节能方面，二层东西两侧的大面积开窗使空气流通顺畅，促进通风散热效能。白色建筑表面涂层可有效反射太阳辐射，缓解因炎热天气导致的室内温度过高的情况。

5．卫生间

卫生间结构安全，建造周期短，价格实惠，可移动拆卸，不论是用于应急临建还是城市更新，都是理想选择。

集装箱卫生间的优点在于结构安全，易于移动和维护，建设成本相对较低。不论是在户外活动、露营、工地、旅游景点等场所，还是在临时的人口集聚场所，如灾区、难民营、临时医疗站等地方，都被广泛应用。需要注意的是，在集装箱卫生间的设计和使用中，必须遵循相应的卫生和环保标准，确保卫生设施的质量和使用者的健康安全。

绿色卫生间

卫生间以集装箱为基础结构，通过绿色的涂层、柔和的灯光、现代化的室内装修和合理的室内布局，创造出一个体积微小、造型简洁、功能齐全、考虑无障碍设计的公共卫生间。这种集装箱卫生间的优点之一是单个卫生间可以为周边的片区提供服务，有效地解决城市公共场所如厕难题（图2.2-15、图2.2-16）。

图2.2-15　绿色卫生间外观

图2.2-16　绿色卫生间过道

（底图来源：archello.Green mobile restrooms[EB/OL].（2014-09-13）[2024-02-10]. https://archello.com/project/green-mobile-restrooms.）

6．医疗服务

集装箱可以被用于建设移动的医疗站，为偏远地区、灾区、战区等人口稀少地区搭载医疗设备和提供药品，使医护人员可以随时驻扎在需要的地方，为当地居民提供基本的医疗服务。同时，集装箱也可以被用于扩建医院，为医院提供额外的病房、办公室、手术室等设施。在突发公共卫生事件期间，集装箱被广泛用于增加医院的床位数，应对突发公共卫生事件爆发带来的挑战。

意大利集装箱ICU

意大利在2020年经历了医疗资源短缺的困境，面临重症患者床位不足的局面。为了增加床位数，当地政府决定采用集装箱ICU的方式来应对。集装箱ICU的特点是可以在短时间内增加重症监护床位数，缓解医疗资源短缺的局面（图2.2-17）。

集装箱ICU的内部设计类似于传统的重症监护室，有呼吸机、监护仪、输液泵等必要的医疗设备，也有医护人员需要的工作区域和储藏区（图2.2-18）。集装箱ICU的外部则配备了隔声、通风和

图2.2-17　集装箱ICU外观

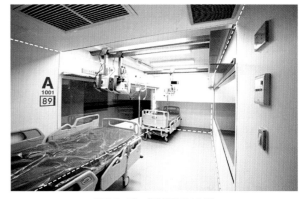

图2.2-18　集装箱ICU内部

（底图来源：Architizer.CURA[EB/OL].（2020-12-20）[2024-02-11]. https://architizer.com/projects/cura-2/.）

空调系统等设施，以保证病患和医护人员的安全和舒适。

集装箱ICU的使用在意大利得到了广泛的关注和认可，并被其他国家借鉴和效仿。它不仅为意大利在应对突发公共卫生事件方面提供了重要的医疗支持，同时也成为一种创新的、可持续发展的医疗设施模式。

2.2.2 集装箱艺术展览空间

集装箱艺术展览空间通常利用若干个集装箱进行拼装，以满足不同规模的展览需求。这些集装箱不仅可以作为独立的展示空间、展览厅或沉浸式艺术体验空间，还可以通过创新的设计和各类装饰来增强观众的参与感和体验感。

1. 秀场

在秀场设计中，集装箱可以被用来搭建场地，搭建舞台、展台与观众席等，创造出别具一格的三维展示空间，此外，集装箱的表皮也可以进行艺术装饰和涂鸦等处理，进一步丰富秀场的艺术表现力。与传统的红毯走秀相比，集装箱秀场更具有独特性和未来感。其中，比较具有代表性的是LV秀场。

LV时装秀

该装置由70个透明的20ft集装箱耗费两天自由装配而成，展示空间的材料和结构设计均考虑到环保因素，放置在卢佛尔宫的内部庭院以接待前来观秀的观众，并在时装秀结束后得到回收（图2.2-19）。

整个秀场设计强调了透明度和轻盈感，与卢浮宫建筑的大气和庄重形成了鲜明对比。设计师移除了集装箱原有的金属表面，只留出骨架部分，再用透明的PVC材料进行立面填充，保留的金属柱上安装了照明灯具。夜晚，LV秀场就像是一个发光的时空隧道，通透发光的形体便于观众从各个角度和方向观看到时装展示，增强了观众的参与感和体验感（图2.2-20、图2.2-21）。

图2.2-19 LV时装秀鸟瞰

图2.2-20 LV时装秀外部

（图片来源：斯帝建筑. 集装箱时装秀 | 时光隧道般的LV秀场，100%透明发光打造未来感! [EB/OL]. （2021-07-17）[2024-02-11]. http://www.staxbond.com/news-1976-1977-5965-2.html.）

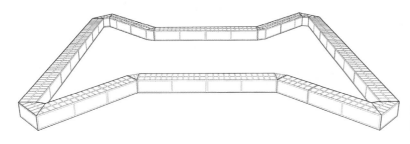

图2.2-21 LV时装秀空间模式图

（图片来源：陈敏仪绘）

2．公共展示

集装箱公共展示空间在保留了集装箱工业美感的同时，又增加了一些艺术和设计元素，使展示空间更具个性和创意。适用于各种不同的展示场合，例如画廊、家具展览、艺术家村等，可以承载不同类型的展览和文化活动。

巴西十日谈（Decameron）家具展厅

十日谈家具展厅位于巴西圣保罗市中心的一条街巷内，由巴西建筑师Marcio Kogan设计而成。由于所在基地是租用的，所以选择了白色不透明聚碳酸酯板和集装箱营造出时尚而宽敞的临时展厅。这种快速而经济的建造方式，运用了轻质结构和工业化的元素，利于快速组装（图2.2-22）。双层集装箱结构纵向插入原建筑体量之中，并排摆设的色彩靓丽的集装箱形成了交通引道，突破了场地限制，给人眼前一亮的感觉（图2.2-23）。

图2.2-22　十日谈家具展厅入口外观

（底图来源：gooood. 十日谈家具展厅，巴西/Marcio Kogan[EB/OL].
（2011-06-03）[2024-02-11]. https://www.gooood.cn/decameron-
brazil-by-marcio-kogan.htm.）

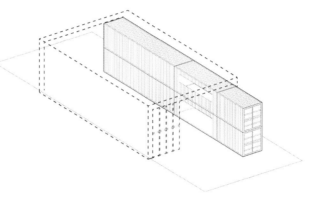

图2.2-23　十日谈家具展厅空间模式图

（图片来源：陈敏仪绘）

展厅后面是铺满鹅卵石的树林，场地尽头是一个封闭的玻璃办公空间。设计采用了对比的元素，城市的喧嚣氛围与自然的艺术静居，建筑体量的厚重与集装箱结构的轻盈，交通引道的线性与展厅的立方体形态，融合这些设计元素并使之相得益彰地呈现。

叠装叠

叠装叠是一个利用集装箱改造而成的小型展示空间，位于中国太原市，面积为307m²，由众建筑事务所设计。建筑师对集装箱进行层叠、交错和拉伸等操作，将简单的长方体组合成多样灵动的空间（图2.2-24）。

建筑上下两层垂直错落排布，一端形成悬挑，另一端则形成露台，从而实现更丰富的功能分区。通过去除上下两层交叠处的楼板，设计师创造了贯通的中庭，并引入自然光线，供附近居民在此观看展览或休憩（图2.2-25）。每个集装箱都是单独拼装的，两端通透的玻璃打破了密闭感，使室内外分隔的界限消失。建筑外墙被饰以鲜艳的红色和明亮的黄色，使其在工业化氛围浓厚的城市环境中显得格外醒目。此外，叠装叠毗邻高速公路，建筑向不同方向伸出窗口，不仅方便人们欣赏城市美景，还能展示其内部空间的光影魅力。原有的集装箱单体通过拆分、重组和再生，被赋予了新的生命。[①]

① 众建筑. 叠装叠 [J]. 设计，2016，（7）：38-39.

图2.2-24 叠装叠集装箱外观

（底图来源：gooood. 叠装叠，山西太原/众建筑[EB/OL].（2016-06-27）[2024-02-12]. https://www.gooood.cn/container-stack-pavilion-by-peoples-architecture-office.htm.）

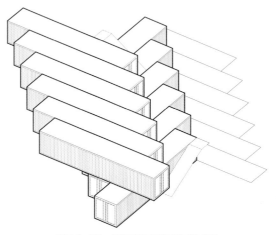

图2.2-25 叠装叠集装箱空间模式图

（图片来源：陈敏仪绘）

萨克森州展馆

萨克森州展馆建筑由事务所AFF architekten设计，面积为6600m²，是第四届萨克森州展览的一部分。展馆中的德国茨维考奥迪厅展示了500年来的工业文化历史，包括德国萨克森州的矿业、冶金、纺织和机械制造业等方面。

设计师在建筑设计中考虑到了高客流量和低能源利用要求，展馆采用了回收集装箱作为建筑材料，外形简洁大方，空间通透，既满足了高客流量和展览需求，也体现对生态环境和能源效率的关照，如在建筑顶部安装了太阳能电池板为展馆供电，同时利用地下水进行空调制冷。展馆内的德国茨维考奥迪厅采用了先进的展示技术和设计手段，包括互动式展示、虚拟现实技术等元素，让观众能够全方位了解当地工业文化的历史和发展（图2.2-26、图2.2-27）。

图2.2-26 萨克森州展馆外观

（底图来源：斯帝建筑. 集装箱展馆[EB/OL].（2022-06-27）[2024-02-12]. http://www.staxbond.com/news-1976-1977-6415-2.html.）

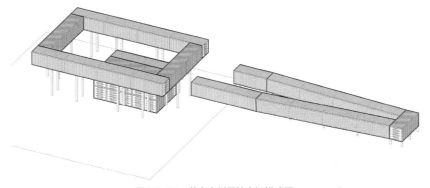

图2.2-27 萨克森州展馆空间模式图

（图片来源：陈敏仪绘）

除此之外，公共展示集装箱还有MID15艺术中心和北京宋庄艺术村冥想空间，见表2.2-2。

公共展示集装箱案例（来源：根据相关资料整理）　　　　表2.2-2

项目	MID15	北京宋庄艺术村冥想空间
类型	艺术中心	冥想空间
位置	澳大利亚墨尔本城市广场	中国北京
建筑形态	10个集装箱横向一字排开，形成宽敞的展示空间	面积78m²，两个集装箱并列拼接。集装箱的间隔和缝隙被利用，引入自然光线和自然通风
功能	内部提供了一个彩色瀑布，并利用印刷的澳松板和屏幕来展示作品	冥想空间或艺术展示
图示		

2.2.3　集装箱文创教育空间

文创教育空间需要满足展示、学习、创新、互动等多种功能需求，集装箱建筑具有空间可塑性高、快速建造和展示性能多样等优势，可满足不同建筑空间的需求，为文创教育类建筑提供了全新的建造思路。

文创教育类集装箱建筑主要具有以下特点。

（1）经济高效。集装箱作为建筑材料，其造价更为低廉，且施工周期短，根据实际需要进行拼接、拆卸、重组，可大大缩短工期，减少人工和材料的消耗。

（2）适应多变。集装箱建筑可被用于搭建多种不同类型的教育场所，如学习空间、工作坊、艺术展览馆等，其灵活性可适应不同人群的活动需求。

（3）虚实相生。集装箱独特的立面折形空间能够创造出更具艺术和视觉冲击力的建筑造型，与公共空间的结合有助于赋予空间多样的可能性。

（4）空间塑型。普通集装箱通过切割、翻转等操作，不仅可以满足文创教育空间多样的需求，同时也能促进建筑形式创新，塑造丰富的城市公共建筑形态。

1. 集装箱中小学

南京江心洲临时安置学校项目

南京大学建筑规划设计研究院设计的江心洲临时安置学校项目位于南京市江北新区，其目的是为了解决由于城市更新导致的数百名小学生就学的难题。

该项目在经济性、建筑布局、建筑形态和景观标识等方面力求创造出满足使用者需求和舒适度的临时学校建筑。集装箱建筑虽然被视为临时性建筑，但仍可通过设计的精工巧做在经济性和建筑美感之间获得平衡（图2.2-28）。

图2.2-28 临时安置学校局部透视

（底图来源：ArchDaily.集装箱校园，江心洲
临时安置学校项目/南京大学建筑规划设计研
究院 [EB/OL].（2020-07-11）[2024-02-12].
https://www.archdaily.cn/cn/943411.）

为了实现经济高效的建造，设计师采用建筑架空的手法，通过调整架空柱的高度来控制标高。采用集装箱装配体系建造"几"字形空间布局和"口"字形围合式院落，构成高效的教学和办公模块，通过室外连廊连接的两类院落创造了既独立分区又相互连通的空间，有利于使用者在穿行期间感受到不同空间形态的变化，为使用者创造出多样、富有层次的空间体验感（图2.2-29、图2.2-30）。

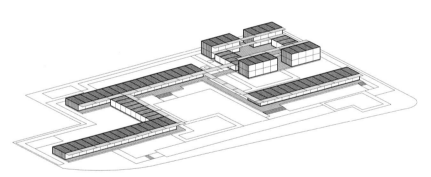

图2.2-29 临时安置学校空间模式图

（图片来源：张烨晨绘）

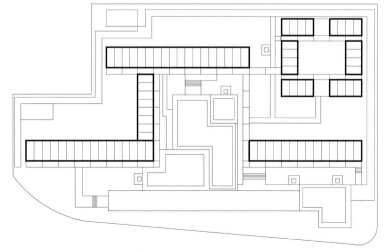

图2.2-30 临时安置学校一层平面图

（图片来源：张烨晨绘）

整个项目采用集装箱装配式结构体系，降低项目的综合造价、缩短建造周期，同时采用定型化集装箱构件结合定制化标识系统，共同削弱集装箱建筑的临时感，打造别样的现代标准化建筑单元。

2. 集装箱幼儿设施

日本小仓旭幼儿园

位于日本埼玉县的小仓旭幼儿园由日比野设计株式会社设计。整个幼儿园建筑由34个尺寸不一的集装箱排列组合而成，在不影响使用功能的前提下，尽量将环保和人性化设计做到极致。

建筑主体分为两层，一层是配有相应卫生间的8间保育室；二层是茶水间、仓库、办公区和更衣室。由集装箱围合而成的宽敞内庭院里种上一棵高大的树木，为幼儿园增加了自然的气息。建筑室内采用大量的木饰面，大面积的落地窗引入柔和的光线，使空间显得自然而温馨，与集装箱外表皮冰冷粗犷的感受形成强烈的视觉与感觉对比（图2.2-31～图2.2-34）。

 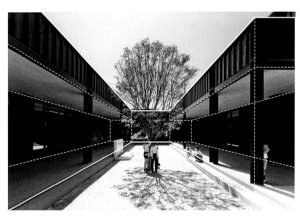

图2.2-31　日本小仓旭幼儿园外观　　　　　　　　图2.2-32　日本小仓旭幼儿园局部透视

（底图来源：搜狐. 日本人用集装箱建了座幼儿园，却美得令成年人都想去上学[EB/OL].（2018—06—03）[2024—02—12]. http://www.sohu.com/a/233883961_165440.）

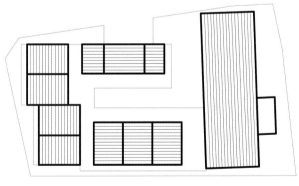 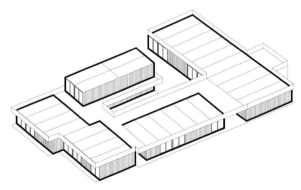

图2.2-33　日本小仓旭幼儿园平面图　　　　　　　图2.2-34　日本小仓旭幼儿园空间模式图

（图片来源：张烨晨绘）

3. 集装箱图书馆

印尼amin集装箱图书馆

由印度尼西亚泗水市（Surabaya）的德亭建筑事务所（Dpavilion Architects）设计的amin集装箱图书馆位于印度尼西亚的东爪哇岛。图书馆由8个可回收利用的集装箱，通过穿插、架空、悬挑、支撑等手法构型而成，这些具有标准化与模块化特征的集装箱用途多样，结合图书馆功能具有一定象征意义：书可以带领孩子们像集装箱一样游历世界各地（图2.2-35）。

集装箱图书馆中不同颜色的集装箱用于不同功能区的设计。蓝色集装箱用作娱乐和流行类书籍阅读区，红色向外延伸的集装箱用作科学和技术类书籍的圆形户外阅读平台，黄色悬挑集装箱用作女性读物的阅读区，绿色集装箱则用作接待读者的大厅空间，这种具有明显色彩识别性的设计让读者更便捷地找到自己心仪的书籍和区域。

上海复旦经世书局

由上海水石设计的上海复旦经世书局位于复旦大学区域内，校园厚重的学术与人文气息

图2.2-35 印尼amin集装箱图书馆外观

（底图来源：筑龙学社. amin集装箱图书馆[EB/OL].（2013-04-10）[2024-02-13]. https://www.zhulong.com/bbs/d/10064710.html.）

成为设计出发点。设计师的思路是希望书局的气质沉静舒缓，与城市的空间、街道的氛围以及所在的场所达成一种微妙的对话。

建筑采用一体化思维的设计方法，摒弃冗余装饰，利用预制装配集装箱单元模块建构书局主体，分别由18个12m×3m×3.2m，6个9m×3m×3.2m，5个6m×3m×3.2m，共29个箱体单元组成，因此有效控制了成本与工期（图2.2-36）。色彩上主要使用深灰色和木色，形成冷暖对比。室内的深灰色结构柱、天花板和书架与外墙集装箱波纹板的工业感相匹配，沿街立面、局部休息区天花板、室内地板和地面的展台采用木色，打造书局沉稳而舒缓的气质，与城市空间、街道氛围以及所在场所达成微妙的协调（图2.2-37）。[①]

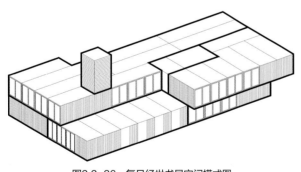

图2.2-36 复旦经世书局空间模式图

（图片来源：张烨晨绘）

图2.2-37 复旦经世书局室内实景图

（底图来源：ArchDaily. 上海复旦经世书局/水石设计[EB/OL].（2021-01-06）[2024-02-13]. https://www.archdaily.cn/cn/954525.）

4．集装箱学生活动中心

无界咖啡（Cafe Infinity）学生中心

无界咖啡学生中心位于印度大诺伊达牙科学院，建筑设计目标是打造一个可持续性的建筑结构，以挑战传统的建筑建造思维，试图突破既有的设计和建筑定式思维。为实现这个目标，建筑师采用回

[①] 徐晋巍. 一声梧叶，一点书香——复旦经世书局［J］. 中国建筑装饰装修，2021，（1）：102-109.

收的运输集装箱作为主要建造材料。

利用集装箱建筑独特的造型优势，建筑师通过集装箱的架空错层拼接突破场地原有的扁平化空间。集装箱围合出的"8"字形平面有机地嵌入满足各种活动需求的绿地和公共景观设施，实现可持续性建造目标的同时，鲜明的集装箱色彩对比也为活动中心注入了时尚、创新的气息，为不同人群提供了一个兼具娱乐和社交功能的场所（图2.2-38、图2.2-39）。

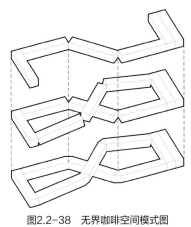

图2.2-38　无界咖啡空间模式图

（图片来源：张烨晨绘）

图2.2-39　无界咖啡局部透视

（底图来源：ArchDaily. Cafe Infinity学生中心，交叉的彩色集装箱/RJDL[EB/OL].（2020-02-20）[2024-02-13]. https://www.archdaily.cn/cn/933838.）

5. 集装箱宠物学院

Educan动物学校

Educan动物学校位于西班牙布鲁内特（Brunette，Madrid，Spain），设立的目的是缓解城市化和农业开发所导致的生态系统问题，因此设计注重适应多物种的需求，将非人类的生物作为设计核心。项目使用了广泛的材料品项，并将不同的建造技术、交流方式与生产系统结合在一起，集装箱的灵活装配和切割使建筑在满足复杂多样的农业功能方面进行良好的探索和创新。

集装箱作为建筑的主体材料展现出了良好的可塑性以及和其他各类材料、设备的适配性，适用于多样的定制化使用功能。为了适应所容纳动物的生活习性，集装箱建筑的内部材料采用PTE合成草皮卷和河卵石混合混凝土抛光的水磨石地板、吸声金字塔形泡沫绝缘材料等，屋顶采用雨水收集槽、自动空调系统和手动生物气候控制元件等调节环境微气候（图2.2-40、图2.2-41）。

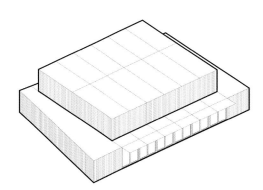

图2.2-40　Educan动物学校空间模式图

（图片来源：张烨晨绘）

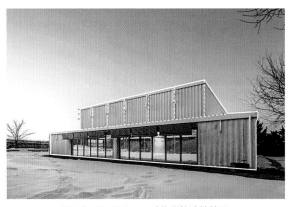

图2.2-41　Educan动物学校建筑外观

（底图来源：ArchDaily.Educan 动物学校/Eeestudio+Lys Villalba[EB/OL].（2021-12-02）[2024-02-14]. https://www.archdaily.cn/cn/972521.）

6. 集装箱礼堂

移动礼堂

移动礼堂旨在建立一个资讯亭，为公共聚会和信息交流提供一个实体平台。第一站位于雅典市中心的Klafthmonos广场，由两个标准集装箱组成，采用了沿对角线切割并上下翻转的方式搭建出阶梯状的公共座位区以及阶梯下可供流动商贩使用的内部服务空间，拆卸后可在任何地点安装使用。它成为一个供聚会、辩论、讲座和进行思想交流的场所，并且在周围环境中成为造型独特新奇的地标。此外，设计还采用了两个额外的结构框架来支撑整体建筑结构，虽然看似低矮，但在不同气候条件下都可遮阳和庇护（图2.2-42、图2.2-43）。

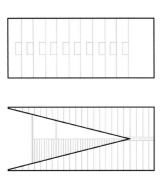

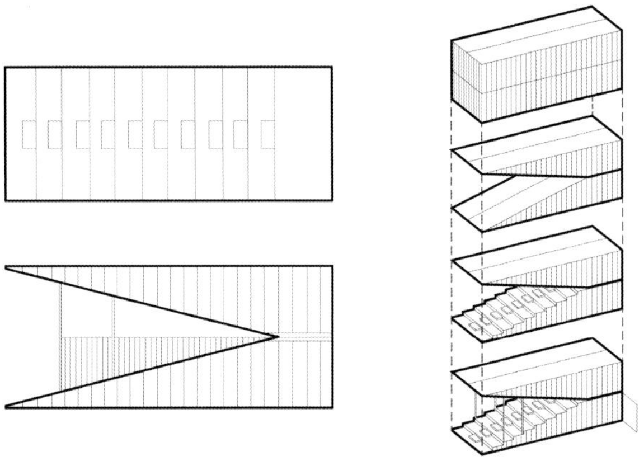

图2.2-42　移动礼堂空间模式图

（图片来源：张烨晨绘）

图2.2-43　移动礼堂建筑外观

（底图来源：ArchDaily. 移动礼堂/en-rout-architecture[EB/OL]. （2022-07-26）[2024-02-14]. https://www.archdaily.cn/cn/985904.）

2.3 集装箱建筑之居住性业态

集装箱灵活多变、建造便捷、方便移动、空间普适，使用者还可直接参与设计建造小型的住宅类集装箱建筑，因而得到国内外使用者的青睐。[①]由于标准集装箱的长度主要为12m和6m两个尺寸，高度约为2.5m，宽度为2.4m，室内高度较低，尺度亲切，这使得集装箱更多地适用于居住类建筑，如灾后应急住房、单体住宅、集合式住宅、公寓、旅馆等。本节主要从灾后应急住房、绿色生态住宅、青年公寓、变形住宅和独立住宅五个方面列举其在居住性业态中的应用案例。

2.3.1 集装箱灾后应急住房

经历灾难后，灾区居民亟需快速建房，但又无力承担过多的建房成本，并可适度降低对居住空间大小的需求。集装箱建筑所具有的环保节能、可移动、成本低廉等优势正是解决灾后过渡性应急住房的明智之选。

集装箱灾后应急住房主要包括以下特点。

---

① 劳开拓. 集装箱建筑在中国的应用和发展研究［D］. 天津：天津大学，2013：35-50.

（1）快速建造。集装箱作为模块化建筑，可以迅速组装和拆卸，节省了大量建筑时间和成本，能够快速满足紧急住房需求。

（2）安全可靠。集装箱建筑采用钢结构和防火材料，具有良好的抗震、防水和防火性能，能够为居民提供安全的住所。

（3）灵活多样。集装箱建筑可以根据需要进行组合和改造，灵活适应不同的场地和需求，同时也能满足不同居民的住房需求。

（4）舒适便利。集装箱建筑内部设施齐全，具有良好的隔热、隔声和通风性能，居民可以享受到舒适便利的生活条件。

1. 集装箱应急住宅

巴塞罗那老城区集装箱应急住房

该项目是针对城市绅士化的一种解决方案，目的是填补城市里闲置土地和公共空间，以建造可容纳住宅单元的模块化预制建筑。设计师采用了集装箱作为建筑材料，通过集装箱的自由拆卸和运输特性，减少了能源消耗和废物产生。集装箱的使用还避免了大规模使用钢筋混凝土和钢铸件所产生的能源浪费和温室气体排放，符合可持续发展的要求。

该项目具体实施是在巴塞罗那哥特区的一块局促的角落空间上建造了一栋临时安置住所，一层容纳了附近一处卫生设施的扩建部分，二层至五层容纳了一共12间住宅，其中8间是一居室，剩下4间是两居室。所有住宅都至少有两面外墙开窗，从而确保屋内享有对流通风。建筑外立面和集装箱体量之间留有一定空气间层以保证自然通风，同时也起到保温隔热的作用（图2.3-1、图2.3-2）。

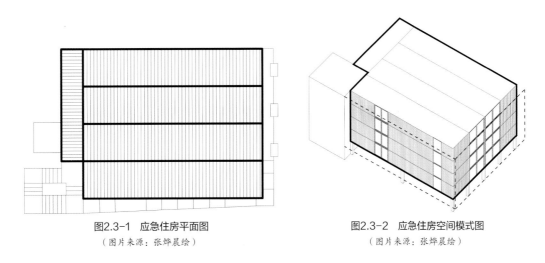

图2.3-1　应急住房平面图　　　　　　　图2.3-2　应急住房空间模式图
（图片来源：张烨晨绘）　　　　　　　　（图片来源：张烨晨绘）

2. 集装箱住宅群

洛杉矶住宅区

该建筑群使用了多种模块化元素，其中包括运输集装箱、木结构预制单元和移动单元。为了提高居住舒适度，集装箱内部安装落地大窗，并使用良好的绝缘材料，以保证室内温度和通风质量。并且，集装箱需要堆叠固定在一定位置，使用开放式走廊和楼梯连接，便于居住者进入每个单元。公寓还配备了基本生活设施，如床、微波炉、迷你冰箱、平面电视和私人浴室等（图2.3-3～图2.3-5）。

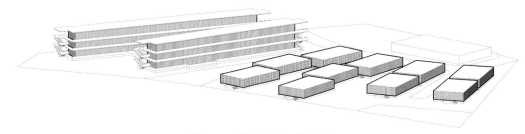

图2.3-3　洛杉矶住宅区空间模式图

（图片来源：张烨晨绘）

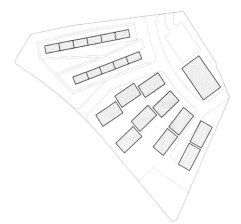

图2.3-4　洛杉矶住宅区建筑平面图

（图片来源：张烨晨绘）

图2.3-5　洛杉矶住宅区局部透视

（底图来源：dezeen. Shipping containers used to build LA housing complex for the homeless[EB/OL]. (2021-07-29) [2024-02-14]. https://www.dezeen.com/2021/07/29/shipping-containers-los-angeles-housing-complex-homeless-nac-architecture-bernards.）

除了住宅，该设施还包括一栋提供商业厨房、用餐区、洗衣设施和行政办公的公共建筑。此外，为了满足居民和员工的停车需求，设有停车位和遛狗公园等。由于该设施是为无家可归者提供住房选择而建造的，因此必须考虑居住者的健康和安全。为了应对突发公共卫生事件的挑战，综合大楼的所有单元都有自己的供暖和通风系统。此外，为了满足项目进度要求，设计团队采用了可在场外建造的模块化元素，以加快建设速度。在设计时，必须考虑到场地形状的不规则性，并提出一系列单层和多层结构的构思，以最大限度地利用占地面积。

2.3.2　集装箱绿色生态住宅

集装箱具有传统住宅不具备的绿色环保理念，但是集装箱住宅也存在着一些局限，只有进一步改进解决这些问题，集装箱住宅才能成为绿色的建筑体系。

集装箱绿色生态住宅主要包括以下特点。

（1）环保节能。集装箱绿色生态住宅采用生态设计手法，如利用太阳能集热供暖、运用低辐射材料等，有效减少对环境的污染和损害。

（2）循环利用。采用可再生材料和循环利用材料，如废弃物和可再生资源等，减少浪费和对资源的过度消耗。

（3）生态景观。在建筑周围布置植物和景观，提高空气质量和景观价值，为居民提供舒适宜人的居住环境。

（4）智能化管理。采用智能化技术，如智能家居系统、节能监控系统等，实现智能化管理，提高生活质量和生态效益。

北京生菜屋集装箱住宅

该住宅由六个集装箱单元构成，采用模块化设计思路。每个箱体都是标准的空间单元。五个纵向的集装箱根据功能和周围环境需要进行前后错动，预留出更多的墙面进行立体绿化。这种模块化的设计方法不仅可以满足不同业主的需求，还可以有效地使用有限的建筑材料和空间资源，降低建筑成本（图2.3-6）。

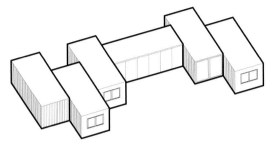

图2.3-6　生菜屋集装箱住宅空间模式图
（图片来源：张烨晨绘）

住宅建筑为一层，总面积约88.5m²，包括三个卧室、一个储藏室、实验和展示空间以及厨卫空间。入口处形成一个三面围合的庭院空间，成为室内外的过渡空间。庭院设计不仅提高了住宅的采光和通风效应，还为业主提供一个半私密的户外空间，增强住宅与周围景观的互动。

屋顶不仅是菜园，也是室内空间的延伸，可以满足业主在自然环境中工作的需求。通过将屋顶空间设计为一个可种植蔬菜和水果的菜园，增加住宅的绿化面积，也为业主提供健康有机的食材，并成为业主种植和休闲的场所（图2.3-7）。

图2.3-7　屋顶菜园平台

（图片来源：gooood.生菜屋／清华大学艺术与科学研究中心[EB/OL].（2015-03-31）[2024-02-15].
https://www.gooood.cn/lettuce-house.htm.）

2.3.3　集装箱青年公寓

随着城市用地紧张和人口居住密集度增高，人们对青年公寓的社会需求越来越高。在这种背景下，集装箱青年公寓既能提供充足的居住环境，又能提高建筑工程经济效益，因此成为解决城市居住问题的一种创新方式。

集装箱青年公寓主要包括以下特点。

（1）空间利用率高。由于集装箱本身具有紧凑的特点，集装箱青年公寓能够有效利用空间资源，满足高密度城市环境下的住房需求。

（2）设施完备。集装箱青年公寓内部设施完备，包括床铺、书桌、衣柜等基本生活设施，同时还配置公用厨房、休息区、自习室等公共区域。

（3）灵活性。集装箱青年公寓的灵活性使其适用于临时住宿，比如因旅游、出差、短期工作等需要短期居住的情况。

（4）创意性。集装箱青年公寓具有现代感和创新性，可以利用外墙创意涂鸦、彩绘、装饰等方式，营造新潮的文化氛围和活力。

荷兰斯洛达姆（Silodam）公寓

斯洛达姆公寓是一个混合经济适用房项目，位于荷兰阿姆斯特丹的海港区，设计团队为荷兰MVRDV建筑事务所，其设计的出发点在于通过各种不同形式的房间，将低收入家庭、老年居民、青年白领和艺术家们聚集在一起，形成一个"迷你社区"（图2.3-8）。

斯洛达姆公寓共有10层，总长300m，犹如一座色彩斑斓的巨型积木坐落在河床上。外观设计简洁，但内部设置了大量的住宅单元，公共走廊连接住宅单元，方便人们从一端到另一端，通过不同的色彩来区分公寓和艺术馆等功

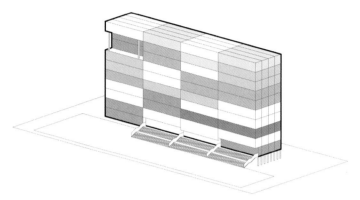

图2.3-8　斯洛达姆公寓空间模式图
（图片来源：张烨晨绘）

能区域，公寓西侧的大阳台为住户提供了堆放杂物的空间。公寓占地面积600m²，包括142间自购公寓和15间租赁公寓。每个房间都能俯瞰海港景色，被认为是未来社区的样板。建筑材料选用了低廉的建筑材料，墙身不是常见的玻璃幕墙或清水混凝土，而是一块块大小相近、简洁轻便的铝窗与铝板，塑造了色彩鲜明、材质对比强、开窗简洁的现代城市住宅形象（图2.3-9、图2.3-10）。

图2.3-9　斯洛达姆公寓立面细部

图2.3-10　斯洛达姆公寓室内实景

（底图来源：archina.silodam公寓 | MVRDV[EB/OL].（2018-09-26）[2024-02-15]. http://www.archina.com/index.php?g=works&m=index&a=show&id=1557.）

丹麦城市船舱（Urban Rigger）公寓

城市船舱集装箱公寓漂浮于丹麦首都哥本哈根的港口海面上，该建筑由全球著名的丹麦建筑事务

所B.I.G（Bjarke Ingels）主持设计，旨在为在哥本哈根求学的年轻学者提供既靠近市中心又舒适的生活空间。面向随着光线变化的海面，在此求学的学子不仅能拥有价格实惠的住所，更有一处安静的心灵休憩住所。

该公寓面积达680m²，由9个海运集装箱组合改造而成。集装箱的组合形式非常独特：6个集装箱呈上下两层堆叠放置，共计包含了15个居住单元。下层与上层集装箱都按照等边三角形放置，但上层与下层呈角度旋转，提供了更多观看海景的视点（图2.3-11）。此外，集装箱之间围合而成的共享绿色庭院空间也是该公寓的一大亮点，提供了接驳的皮艇、游泳板、烧烤区和公共的屋顶露台等设施。公寓还配备了地下室，包括储藏空间、设备室和洗衣房等12个空间，为居住者提供更加完善的生活服务（图2.3-12～图2.3-14）。

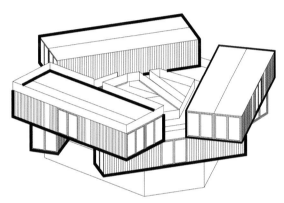

图2.3-11　城市船舱空间模式图

（图片来源：张烨晨绘）

图2.3-12　城市船舱公寓室内空间

（图片来源：设计风向. 丹麦漂浮在海面上的学生公寓[EB/OL].（2016-10-10）[2024-02-15]. http://loftcn.com/archives/32024.html.）

图2.3-13　城市船舱外观

图2.3-14　城市船舱一层庭院空间

（底图来源：集装箱之家. 海上集装箱宿舍[EB/OL].（2018.06-08）[2024-02-15]. http://www.mycontainers.cn/article-376-1.html.）

南非集装箱公寓楼

由传动系统工作室（Drivelines Studios）设计的集装箱公寓楼位于南非Maboneng地区，这是一个城市改造和重建的地区，旨在满足人们重新住在市中心的愿望，回应了后种族隔离时代的期望。为了适应场地的三角几何形状，建筑被构想成一块广告牌，其中两个单独的居住单元在场地东部狭窄的尽头相连接，形成一个开放的内部庭院和社会交往空间。建筑第一层是居民使用的零售商铺，也可作为私人庭院、种植园和泳池。第二层至第七层是居住单元，为面积从300ft²到600ft²大小不等的单间公寓，每个单间公寓都有一个面向庭院的室外走廊空间。建筑外形和内部结构强调与环境对话，采用裸露的钢框架结构塑造虚空间，与集装箱的实体空间形成强烈对比。

公寓楼是由一个由140个升级改造的海运集装箱堆叠构建的模块化建筑。设计师事先选定了绿色的集装箱颜色，因而无需再对墙面喷涂料，同时也决定了建筑的整体色彩。集装箱被堆叠、切割和组合以满足建筑师的设计要求，通过沿着对角线切割，从一角到每个集装箱的长边中心切割，建筑上形成了平行四边形的大窗户，这种手法的重复和镜像也构成了建筑立面上虚实相生的图案关系，赋予建筑鲜明的节奏与韵律感（图2.3-15、图2.3-16）。这个由集装箱构成的住宅建筑不仅体现了可持续设计和再利用的理念，更是对城市中心区复兴和更新改造积极回应的成功案例（图2.3-17）。

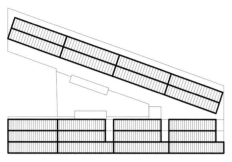

图2.3-15　集装箱公寓楼局部透视

（图片来源：张烨晨绘）

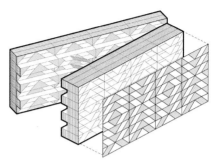

图2.3-16　集装箱公寓楼建筑拆解图

（图片来源：张烨晨绘）

图2.3-17　集装箱公寓楼局部透视

（底图来源：ArchDaily. 南非集装箱公寓 Drivelines Studios/LOT-EK[EB/OL].

（2019-04-15）[2024-02-16]. https://www.archdaily.cn/cn/914110.）

除此以外，集装箱青年公寓的案例还有如表2.3-1中的项目。

其他集装箱青年公寓案例（来源：根据相关资料整理）　　　　表2.3-1

名称	海边集装箱旅馆	公园住宅（Park House）
类型	青年旅舍	概念型住房项目
位置	澳大利亚悉尼市中心	美国
集装箱构型	63个25m²的海运集装箱平行相错排列	每个单元组合三个集装箱，形成一个960ft²的公寓
建筑形态	集装箱被涂上各种鲜艳的颜色，与海洋、海滩、厂房和海岸线形成对比，凸显了工业风格建筑	集装箱的侧板被拆除打开，将空间分隔成不同的房间，方便安装管道和电力设施
特点	房型多样化，呼应海岸	低成本住房，社交性庭院

续表

功能	餐厅、酒吧、客用厨房、配有工作室的画廊和客房等	公寓配有浴室和厨房设施
图示	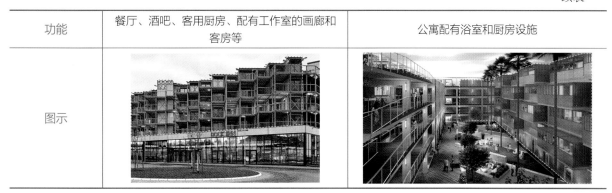	

2.3.4　集装箱独立住宅

集装箱住宅作为一种新型住宅形式，可以根据不同需求进行灵活的组合和拆卸，尤其适合需要经常搬迁或者场地有限的人，也可根据个人喜好进行个性化的组装设计，满足人们的个性和审美追求。

集装箱独立住宅主要包括以下特点。

（1）个性化定制。集装箱独立住宅可以根据业主的需求和喜好进行个性化定制，满足业主的个性化需求和品位。

（2）节约成本。集装箱独立住宅采用可再生资源，建造成本较传统住宅更低，且具有良好的隔声、保温和防火性能，能够降低后期维护成本。

（3）灵活性。集装箱独立住宅可以进行扩建和拆除，便于根据业主需求进行弹性改造和维护。同时，也便于随时搬迁和重组，为业主提供更大的使用灵活性和实用性。

1. 集装箱变形住宅

利用集装箱易于变形的特点，结合最新的智能家居理念，通过火柴盒式的抽拉变换方式，创造出多变的空间形态与层次，从而满足居住者不同时间段的功能需求。

上海百变智居2.0——变形集装箱

上海百变智居2.0由上海华都建筑规划设计有限公司的张海翱主持设计，利用集装箱易于变形的特点，对4个集装箱重新组织，并通过模块化的预制，用搭积木的方式造房子（图2.3-18、图2.3-19）。

这座建筑巧妙地将住宅、办公和娱乐三个功能合而为一。对于创业业主而言，这种设计完全符合他们的多样化生活方式的需求。在家庭模式下，建筑主要功能是提供居住空间，包括客厅、卧室、厨房和餐厅等区域，以及适合儿童玩耍的榻榻米区域。在办公模式下，建筑空间的功能被重新调整，移动隔墙可以自

图2.3-18　百变智居2.0外观

（底图来源：gooood.百变智居2.0/上海华都建筑规划设计有限公司[EB/OL].（2017–03–15）[2024–02–17]. https://www.gooood.cn/the–smart–house–by–hdd.htm.）

由地划分出会客空间和办公空间。此外，建筑还可以轻松转变为聚会空间，可以打开墙体和拉出箱体，举行烧烤派对等。另外，客厅中还隐藏着一个翻折床板，可以提供多人居住的空间（图2.3-20、图2.3-21）。

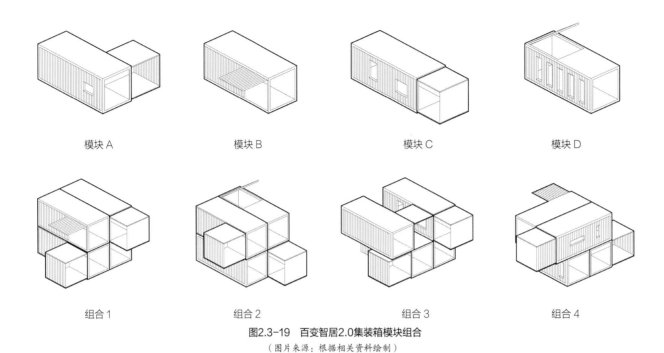

模块 A　　　　　　模块 B　　　　　　模块 C　　　　　　模块 D

组合 1　　　　　　组合 2　　　　　　组合 3　　　　　　组合 4

图2.3-19　百变智居2.0集装箱模块组合
（图片来源：根据相关资料绘制）

图2.3-20　翻折床　　　　　　　　　　　图2.3-21　灰空间会客厅

（底图来源：gooood.百变智居2.0/上海华都建筑规划设计有限公司[EB/OL].（2017-03-15）[2024-02-17]. https://www.gooood.cn/the-smart-house-by-hdd.htm.）

2. 集装箱度假住宅

约书亚树国家公园的集装箱屋

这座位于加利福尼亚州沙漠地带的集装箱住宅是一项令人印象深刻的建筑创新。它突破了传统集装箱建筑的限制，采用了独特的星爆形状，从而将视野和自然光线最大化地引入室内。此外，集装箱被混凝土底柱支撑而悬空，因而流水得以从建筑下方流过，不仅顺应了自然地貌，也创造了独一无二的建筑形态（图2.3-22、图2.3-23）。

集装箱屋与自然地形紧密贴合，创造了一个有围合感的室外平台，并配备了木地板和热水浴缸，为居住者提供一个安静放松的休憩空间，同时也能更好地享受周围的自然景观。为了应对来自炽热沙漠的强烈阳光照射，建筑物的外部和内部都被刷成明亮的白色便于反射阳光，这使得建筑在沙漠环境中独树一帜。在室内方面，设计师也充分考虑到不同区域和用途之间的私密性和连通性，让居住者在舒适的环境中生活（图2.3-24）。

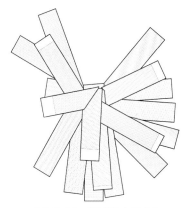

图2.3-22 集装箱屋平面图
（图片来源：宋嫣然绘）

图2.3-23 集装箱屋建筑外观示意图
（图片来源：宋嫣然绘）

图2.3-24 集装箱屋室内空间

（图片来源：ArchDaily.岩石中绽放出沙漠之花：约书亚树国家公园的集装箱屋[EB/OL].（2017-10-02）
[2024-02-17]. https://www.archdaily.cn/cn/880739.）

在技术方面，建筑的车库安装太阳能电池板，可以为整个建筑提供其所需的电力。这座集装箱住宅的设计和施工是一项成功的建筑创新，它不仅为住户提供了一个自然舒适的居住环境，同时也向世界展示了集装箱建筑的潜力和创新性。

卡罗尔之家（Carroll House）

卡罗尔之家由21个集装箱堆叠而成，独立占据城市街角的一块长方形用地。与一般集装箱住宅不同的是，该建筑利用封闭的集装箱墙面与室外街道隔离，保证住宅的私密性。住宅共3层，底层对角线的切割形成的内凹空间成为地窖和车库的入口。地面一层由厨房、餐厅和起居室组成，而车库屋顶斜坡上方是一个影音室。孩子的活动区域位于住宅二层，孩子们可以在一个独立的集装箱中享有私密的卧室以及较大的开放游戏空间。同时，滑动玻璃幕墙的应用使得室内和室外空间之间保持了连续性。这些设计使得居住空间更加灵活，将不同的功能分配到不同的集装箱中，实现了对空间的最大化利用（图2.3-25、图2.3-26）。

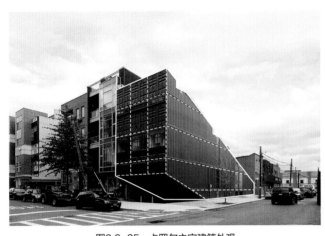

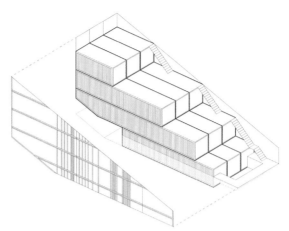

图2.3-25　卡罗尔之家建筑外观

（底图来源：ArchDaily. 拔地而起，让集装箱住宅冲破大地 Carroll House / LOT–EK[EB/OL].（2017–11–09）[2024–02–17]. https://www.archdaily.cn/cn/883118.）

图2.3-26　卡罗尔之家空间模式图

（图片来源：宋嫣然绘）

顶层的主卧被对角线切割成一个开放空间，内部配有床、浴缸及化妆间等。集装箱的组合优化了使用功能，重新弥合了对角线切割所产生的剩余空间。这些都展现了集装箱设计的创新和灵活性，在有限的用地与空间内创造出更丰富、更有层次的使用功能且保证必要的私密性（图2.3-27）。

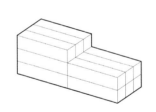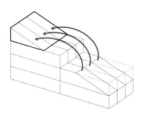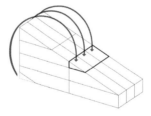

图2.3-27　卡罗尔之家体块生成

（图片来源：宋嫣然绘）

除此以外的集装箱独立住宅还有如表2.3-2所示项目。

其他集装箱独立住宅案例（来源：根据相关资料整理）　　　　表2.3-2

名称	JATIASIH	卡特彼勒之家
类型	独立住宅	概念型住房项目
位置	印度尼西亚大城市Jakarta郊区	美国圣地亚哥郊区
集装箱构型方式	4个集装箱互相交错重叠放置	5个40ft标准集装箱，6个20ft标准集装箱和1个40ft集装箱游泳池顺应地形平行放置
特点	利用回收材料，立体绿化，屋顶遮阳，保留材料本色，环保可持续性	低成本材料，顺应坡地，建筑形态组织良好，有利于日照通风
功能	活动室，家庭共享空间，屋顶花园	游泳池，私人住宅

续表

图示		

　　近十年来，集装箱建筑由于其独特的建造优势与应用前景，如雨后春笋般在世界各地涌现，且开始应用于不同建筑类型之中。其存在和发展的意义不仅在于实现对建筑与环境的空间营造和呈现，也体现了资源的循环利用，成为建设节约型社会发展趋势的应对策略之一，为社会的可持续发展作出更多贡献。[①]

① 郭雪婷. 集装箱改造建筑设计研究——以居住性功能为例［D］. 南京：南京工业大学，2012：50-58.

第 3 章

模块化构建
——集装箱建筑设计的方法

集装箱建筑设计除需满足基本物理空间需求外，还需要探索人本化的设计，满足多功能的需求，形成复合型建筑空间。使用标准化的箱体模块，灵活进行空间组合，能创造丰富多变的空间形态。[①]在集装箱建筑的设计中，既应充分利用和挖掘集装箱体的金属表皮和立方盒空间的优势，还需关注尺度、比例、虚实的协调，突破集装箱固有的封闭形象，通过灵活的模块组合打破单调规整的布局，利用标准化创造统一的秩序与有韵律的节奏，在形体上通过集装箱的体量和造型组合，创造大小、凹凸、天际线的变化，将模块化建筑的灵活性、多样性、适变性展现出来。本章将从集装箱单元的空间组合与造型形态两个方面进行详细阐述。

① 张慧洁. 集装箱建筑设计与应用的研究［D］. 北京：北京建筑大学，2014：22-30.

3.1 集装箱——模块化的建筑空间单元

在集装箱有限的容积里进行建筑设计，是将多元的功能需求集中体现在对单元空间的挑战中，对空间布局进行高效合理的设计，成为解决问题的关键。不同的建筑功能就会有不同的空间需求，首先需对集装箱的基本空间形态深入了解，以便于发挥其优势，解决矛盾和改善缺陷。本节对集装箱体内部空间的特点和潜质进行分析，提出集装箱单元空间的设计策略。[①]

普通集装箱可在符合标准模数的条件下根据货运要求制定，而用于联运的集装箱的设计和制造具有统一的国际标准。集装箱应严格按照ISO标准规定的宽度、长度、高度与容量进行设计与制造。

按所装货物种类将集装箱分为几类：干货海运集装箱是使用最普遍的集装箱，还有许多与特殊功能相对应的特殊规格的集装箱，例如用来运输冷冻、保温、保鲜货物的冷藏集装箱；运输船只、汽车或较大型工业设备的平面框架集装箱；运输蔬菜水果的侧面开口集装箱；运输矿物质和重型机械的顶部开口集装箱；运输散装液体或化学品的罐式集装箱；运输需要将衣服挂在衣架上的挂衣箱，等等。[②]以上多种不同类型的集装箱都是与标准集装箱拥有同样的外部尺寸。集装箱规格与种类很多，但有些并不适用于改造成建筑来使用。通常用于改造建筑的集装箱较多采用常见后端开门的20ft集装箱、40ft集装箱或40ft高柜集装箱等（表3.1-1）。

集装箱单元的空间尺寸表（表格来源：根据相关资料整理）　　　　表3.1-1

集装箱类型	外部尺寸			最小内部尺寸		
	长（mm）	宽（mm）	高（mm）	长（mm）	宽（mm）	高（mm）
20ft集装箱	6058	2438	2591	5898	2352	2385
40ft集装箱	12192	2438	2591	12032	2352	2385
40ft高柜集装箱	12192	2438	2896	12032	2352	2690
45ft高柜集装箱	13720	2438	2896	13560	2352	2698

1. 20ft集装箱

20ft集装箱与40ft集装箱相比在宽度上相同，由于其长度较小，长宽比也较小，在单独使用在小型建筑中，即使没有添加额外的支撑性结构，简单搭接组成的结构也较为稳定。20ft集装箱的室内空间相对较小，空间大小作为一间办公室或一个卧室非常合适，普通标箱垂直空间略显低矮，在进行多箱体的拼接、完成大型建筑的搭接时会增加难度，且室内空间内会暴露更多的集装箱框架结构。

2. 40~45ft集装箱

40ft集装箱自身的内部空间较大，通常通过拼接后可以塑造大型建筑，在进行拼接后通过拆除和打通侧板，可创造非常宽敞的空间。但由于40ft集装箱的长宽比较大，将两个集装箱进行正交叠加必

---

① 张慧洁. 集装箱建筑设计与应用的研究［D］. 北京：北京建筑大学，2014：25-35.
② 于乔雪. 废旧集装箱在建筑设计中的再利用研究［D］. 西安：长安大学，2016：45-60.

须增添附加结构来保证建筑的稳定性，垂直空间和20ft普通标箱一样略显低矮。40~45ft的高柜标箱在垂直高度上更加宽裕些。[①]

3.2 单元模块的多样化组合

集装箱是存储货物的容器，它本不具备供人居住和使用的物理环境条件，但如果对其进行改造，如在墙面上开设门窗，接纳光线和空气，在内部做一些基本的保温与隔热处理，集装箱也可成为单一的使用空间。

通常在建筑设计或初步设计阶段就已经确定了建筑的整体性能及造型，也基本决定了集装箱所需的类型和布置方式。集装箱本身是一个模块化的空间单元，同时也是一个结构单元，这是它作为建筑设计手段的一个最基本的特点。因而建筑师在考虑集装箱建筑的功能和规模时，也同时要考虑集装箱建筑的构造细部，从而有效地保证集装箱建筑的空间品质。

3.2.1 单箱体空间设计及其应用

集装箱由于主要借助于轻型钢框架受力，部分箱壁的破坏对其结构稳定性影响不大。而单元箱体内部空间狭小，设计师在不影响其高度移动性的基础上，对箱体空间的拓展作了很多努力，这些策略一般常需一些拉杆、滑件等配件辅助，这些设计应使附加空间的获得和折叠同样高效与便捷，且利于运输。[②]

1. 空间的心理延展

通过在集装箱表皮大面积开窗，或者使用通透的玻璃面代替部分墙面，在室内装修中合理使用镜面。另外，内部墙面使用亮色材质也能使箱体内部空间显得通透开敞。例如在伦敦盒子公园集装箱购物中心的PUMA专卖店中，集装箱一侧墙面使用大的镜面扩展视觉空间，减少压抑感（图3.2-1、图3.2-2）。

图3.2-1　伦敦盒子公园集装箱购物中心

图3.2-2　购物中心PUMA专卖店内部

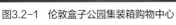

（底图来源：远东集装箱网. BOXPARK shoreditch盒子公园集装箱购物中心[EB/OL].（2013-12-04）[2024-02-01]. http://www.fareastcontainers.com/news/13120405.html.）

① 张慧洁. 集装箱建筑设计与应用的研究［D］. 北京：北京建筑大学，2014：35-45.
② 曲媛媛. 模块化建筑空间设计的发展研究［D］. 苏州：苏州大学，2009：36-44.

2. 侧墙的实体延展

以箱体的框架梁为转轴，使用拉杆或者一些液压装置部分或完整地展开箱壁，将室内空间向室外延伸（图3.2-3a）。若将集装箱门配合遮阳篷、栏杆等构件进行空间围合，可形成飘窗、花台、阳台等半室外场地（图3.2-3b）。这种空间拓展方法操作简单，甚至可通过辅助设备自动生成，缩短了箱体展开与闭合的时间，保证建筑便于移动，其可作为商业品牌的传播效应是很好的选择和创意。[①]

例如由新西兰Atelier Qorkshop建筑设计事务所设计的Port-a-Bach度假屋，其建筑墙壁装有活动轴，可将箱体的侧墙展开，把室内使用空间延伸到户外。当把箱壁展开使用时，可将箱外的帆布搭在平台上方的支架上，造就一个小的居住空间。连集装箱的进货门也可被改为床架的支撑构件，一个双层床位就可在一侧打开的集装箱门处搭建起来了。这样的房屋单元结构坚固安全，居住舒适，对环境友好，便于运输，是一种可长期移动居住的解决方案（图3.2-4）。[②]

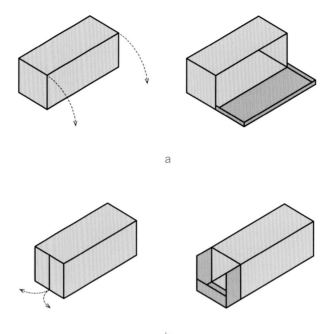

a

b

图3.2-3　箱体扩展空间示意
（图片来源：纪文渊绘）

图3.2-4　新西兰Port-a-Bach度假屋

（底图来源：DesignRulz.新西兰Port-a-Bach度假屋[EB/OL].（2013-06-13）[2024-2-2]. https://www.designrulz.com/design/affordable-shipping-container-homes-cost.）

在集装箱建筑的改造中，通常会将货物出入口设置成大面积的落地窗，同时将两扇门打开，加上盖篷和底板，通过焊接或螺栓固定，外侧装上护栏，就能形成出来约2m²的阳台空间（图3.2-5）。

美国建筑设计师Adam Kalkin设计的"按钮住宅"，四周的墙体可自动伸展，卫浴、卧室、厨房、餐厅等设施集中于一个集装箱内，桌椅、床具固定在墙板内侧。当四周墙壁打开时，各功能齐全，极大地扩展了使用空间。"按钮住宅"被意大利时尚品牌咖啡制作成了集装箱咖啡厅。集装箱

① 曲媛媛. 模块化建筑空间设计的发展研究［D］. 苏州：苏州大学，2009：16-19.
② 曲媛媛. 模块化建筑空间设计的发展研究［D］. 苏州：苏州大学，2009：36-50.

能够适应多种情况，满足如救灾应急房屋、移动零售店、商业推广活动等多功能载体的需求（图3.2-6）。[1]

3. 抽拉式的空间扩展

将集装箱的部分墙面做成可活动的，添加轨道、滑轮、边侧墙体，如抽屉空间，抽出时扩大了内部使用空间，需要运输和移动时，又可以将附加空间收入集装箱单元内部，以便货车、轮船将其转运。甚至打开箱体端部的货门，通过轨道拉出一个内部空间[2]，作为箱体的扩展空间使用。通过合理的空间伸缩变化，使小空间被大大扩充，甚至使用面积可以扩大2倍（图3.2-7）。[3]

图3.2-5　英国My Space Pod的单箱体房间

（底图来源：我的空间舱集装箱房屋设计画廊. 英国My Space Pod的单箱体房间与室内空间[EB/OL].（2013-06-13）[2024-02-02]. http://www.myspacepod.co.uk/container-home-disaster-relief2.htm. ）

 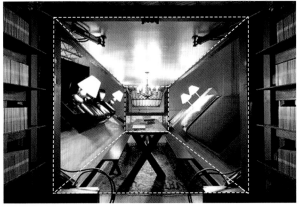

图3.2-6　Adam Kalkin设计的"按钮住宅"与室内空间

（底图来源：搜狐. 仅需一个按钮便可展开的集装箱活动房间[EB/OL].（2013-06-13）[2024-02-03]. http://www.sohu.com/a/63008924_357734. ）

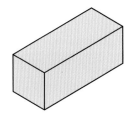 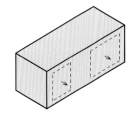 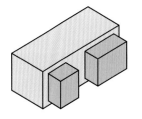

图3.2-7　集装箱抽拉式空间示意

（图片来源：纪文渊绘）

美国纽约LOT-EK事务所设计的 MDU居住模块，将集装箱看作一个"谨慎的移动元素"，可在世界各地移动并接收新的集装箱体。一个模块空间通常可划分为几个子空间，如睡眠、工作、厨房、卫浴、起居等多重功能组。"抽出空间"营造出相对独立的半围合功能区，如休息区、厨房、

---

[1] 曲媛媛. 模块化建筑空间设计的发展研究［D］. 苏州：苏州大学，2009：50-52.
[2] 张慧洁. 集装箱建筑设计与应用的研究［D］. 北京：北京建筑大学，2014：22-30.
[3] 赵鹏. 集装箱建筑适应性设计与建造研究［D］. 长沙：湖南大学，2011：66-68.

阅读区等，功能分区明确。中央宽敞而完整的方形空间又将各功能区联系起来，开放且灵活，承担着多功能复合空间的角色，也可根据个人喜好来调整每部分的功能。这种方式基于为单箱体提供尽可能大的使用空间，增加原箱体的使用面积，甚至可使其面积扩增近75%（图3.2-8）。[①]

有很多种扩展集装箱使用空间的方式，但是对集装箱的改造，不应阻碍它的可移动性和结构安全性，应尽量保证建筑的移动效率与运输便捷性。辅助增加箱体空间而使用的构配件，均应在运输过程中可被方便地收入箱体，同时满足快速拆卸与组装的要求。

图3.2-8　MDU居住模块

（底图来源：LOT-EK. MDU-MOBILE DWELLING UNIT[EB/OL]. （2018-06-12）[2024-02-02]. http://www.lot-ek.com. ）

集装箱单元本身构造和空间是有极大局限性的，适用的建筑类型少，对它的使用一般建立在高效建造和经济性强的基础上。然而，很多箱体空间的拓展策略、改造工序复杂，造价昂贵，并不适应所有建筑类型。所以，应根据实际项目情况与集装箱建筑空间的契合度来满足特定的使用需求。[②]

3.2.2　多箱体空间组合策略

对多箱体集装箱建筑组合的探讨，源于对两个集装箱箱体的基础组合探讨，以两个集装箱箱体组合为例，其组合的可能性是由我们所选取的三个随机变量来决定的，这三个变量分别为尺寸、方向和位置。

首先在尺寸上，两个集装箱按照长度来分，可以分为相同尺寸集装箱组合和不同尺寸集装箱组合。其次在方向上，按照空间中的朝向来划分，可分为水平方向与垂直方向两大类。最后，基于两种箱体尺寸类型的前提下，在相对位置方面，两个集装箱在位置上会出现以下几类相对方式：相同尺寸的两个集装箱在位置上会出现对齐、外端对齐、重叠和界外的排列方式，而不同尺寸的两个集装箱在位置上会出现内端对齐、外端对齐、重叠、界内和界外的排列方式。[③]

1. 水平多箱体组合策略

（1）箱体与箱体的拼合设计

多个箱体在水平方向进行拼合，可摆脱狭长空间对箱体室内功能布局的限制。在对于单箱体空间不适宜变形扩展且无法满足建筑空间需求的情况下，箱体与箱体的水平拼合是最基本且最常见的增加建筑空间面积的方式。

以20ft集装箱为例，20ft单箱体集装箱的实际使用面积为13.8m²，用于居住类建筑时，可满足单人基本生活需求。使用两个20ft集装箱进行水平拼合设计，其实际使用面积增至27.6m²，可以满足三人家庭的基本生活需求（图3.2-9）。若再加入一个20ft或40ft的集装箱箱体进行水平拼接，可形成具

① 张慧洁. 集装箱建筑设计与应用的研究［D］. 北京：北京建筑大学，2014：45-48.
② 张慧洁. 集装箱建筑设计与应用的研究［D］. 北京：北京建筑大学，2014：62-65.
③ 郭浩原. 集装箱建筑设计研究及适应性功能探索［D］. 合肥：合肥工业大学，2015：58-60.

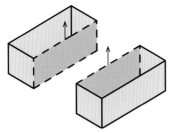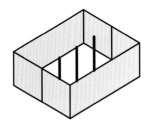

图3.2-9　以两个20ft集装箱水平拼合示意

（图片来源：纪文渊绘）

有更强适应性的组合空间。[①]

（2）箱体与附加结构的拼合设计

附加结构的介入使得箱体在水平方向上的拼合结果产生了更多的可能性。附加结构可以提高箱体高度、宽度等方向的延展能力，同时加强了其结构及构造方面的适应性。

"Y"形集装箱是同济大学为参加2011年在华盛顿潮汐湖畔举行的国际建筑比赛而设计的作品。该建筑作品使用了三组互成120°排列的标准货运集装箱进行平行拼合，其主体中间的交角空白区域则使用玻璃与钢材质的附加结构进行衔接，并最终组合成一个"Y"形的平面布局。该建筑作品结构坚固、造价低廉且选材环保。在水平方向上，箱体结合附加结构进行拼合设计使得房屋更加稳固，同时也为其"Y"形平面的实现及内部空间的完整性创造了条件（表3.2-1）。

箱体与附加结构的拼合案例（表格来源：根据相关资料绘制）　　　表3.2-1

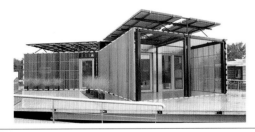 	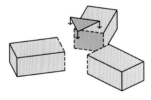
同济大学"Y"形住宅	"Y"形住宅空间模式

2. 垂直多箱体组合策略

（1）上下箱体对齐重叠

上下箱体垂直对齐放置是集装箱建筑最常见的拼合方式之一，由于集装箱箱体模块化的结构特点，使得箱体在垂直对齐放置中力的传导最为便捷。

苏黎世FREITAG旗舰店是由17个20ft废旧集装箱垂直对齐拼合而成，其中箱体在垂直方向的最高叠加为9层，高度达21.2m，设计师利用其高度优势在建筑主体的顶端设置了一个观光阳台。建筑底部的两层空间是由8个集装箱拼合而成，三层、四层空间减少至每层两个，五层到九层的则每层只使用了一个箱体进行垂直拼合，这样自下而上逐级退台的设计方式保证了建筑形态的稳定性（表3.2-2）。[②]

① 郭浩原. 集装箱建筑设计研究及适应性功能探索［D］. 合肥：合肥工业大学，2015：62-66.

② 赵鹏. 集装箱建筑适应性设计与建造研究［D］. 长沙：湖南大学，2011：72-80.

上下箱体对齐重叠案例（图片来源：根据相关资料绘制）	表3.2-2
	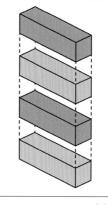 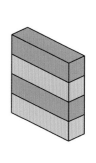
瑞士苏黎世FREITAG旗舰店	空间模式图

（2）上下箱体平行错位重叠

上下箱体平行错位拼合存在两种基本构成方式；第一种为同等尺寸大小的箱体进行上下错位拼合，借助错位使得箱体与箱体之间存在悬挑关系并扩展出灰空间及室外平台（图3.2-10a）。第二种为不同尺寸大小的箱体进行上下错位拼合，其中又存在箱体上长下短及箱体上短下长两种情况。当上下箱体上长下短时，上部箱体最多只有一侧角柱能与下部箱体发生对位，并由此产生上部箱体的悬挑（图3.2-10b）；当上下箱体上短下长时，上部箱体也最多只有一侧角柱能与下部箱体发生对位，并由此产生上部箱体的室外平台（图3.2-10c）。依据错位尺度的大小，再加之附加结构的支撑，可将上下箱体进行侧向偏移，从而产生更多的组合结果（图3.2-11）。[①]

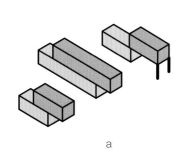 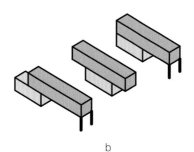 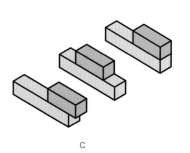

a   b   c

图3.2-10 上下箱体错位重叠的基本构成方式

（图片来源：纪文渊绘）

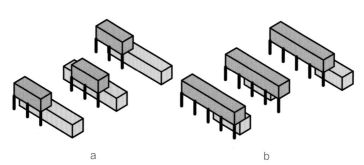

a   b

图3.2-11 不同尺寸大小箱体上下错位重叠演变的新形式

（图片来源：纪文渊绘）

---

① 郭浩原. 集装箱建筑设计研究及适应性功能探索［D］. 合肥：合肥工业大学，2015：88-82.

如ZAPOPAN集装箱住宅造型简约,上下集装箱偏移拼合,集装箱两侧各有一个露台空间,不仅为建筑增加了空间层次感,还为人们提供了一个亲近自然、享受户外生活的绝佳场所(图3.2-12)。

上下箱体平行错位拼合并不仅限于两箱体间的拼合,如图3.2-13所示,将三个集装箱箱体进行上下平行错位拼合,室外的直跑楼梯组织竖向交通,箱体空间通过每层的户外平台进入。这样的空间结构使得箱体内部可以在不过多考虑交通流线的基础上水平布置内部功能空间,相当于单箱体最基础和简洁的垂直积累。

图3.2-12　ZAPOPAN集装箱住宅外观

(底图来源:ArchDaily. Huiini住宅/S+diseño[EB/OL].(2015-11-27)[2024-02-05]. https://www.archdaily.cn/cn/777868/huiini-zhu-zhai-s-plus-diseno?ad_source=search&ad_medium=projects_tab.)

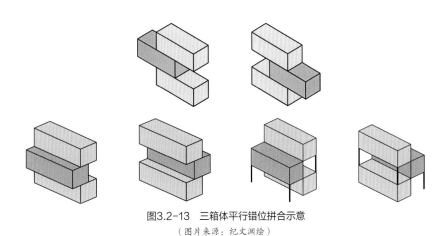

图3.2-13　三箱体平行错位拼合示意

(图片来源:纪文渊绘)

如佛罗里达州北部农业公司办公室,该建筑由9个红色集装箱交错堆叠而成。不同的模块之间相互滑动,以创建房间和露台,一部分集装箱保留完整的实体,用于支撑和围合空间;而另一部分则被改造成透明的玻璃面,打破了箱体的封闭性,使得内外景色相互融入,交错堆叠呈现虚实变化(图3.2-14)。

3. 上下箱体交错重叠

上下箱体的交错放置是另一种创造箱体空间的方式,能产生更加丰富的建筑形态。常见的上下箱体交错放置形式主要有十字交错放置与上下箱体呈斜角放置两类。

(1)上下箱体十字交错重叠

在上下箱体十字交错放置中,有两种交通组织方式贯穿各功能空间来解决竖向交通问题。第一种借助室外楼梯解决竖向交通。在这种交通方式中,上层箱体宜放置在箱体中部,

图3.2-14　佛罗里达州北部农业公司外观

(底图来源:集装客. 集装箱工作室 | 农业集团总部集装箱办公室[EB/OL].(2019-08-16)[2024-02-08]. http://www.artboxxer.com/case-item-228.html.)

其入口尽量设置在户外平台处，从而缩短入口至箱体两侧功能空间的直线距离。第二种则是在上下箱体相交重叠部分设置室内连通楼梯，这样可以减少户外交通的发生，但也不可避免地占用了有限的室内使用空间。[①]

在上下箱体交错拼合的过程中，通常需要打通上下箱体的相交重叠面来组织上下层空间，若拆除该部分的侧面金属波纹板，则需要对箱体进行结构加固（图3.2-15）。

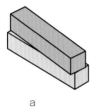 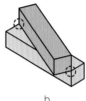 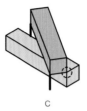 

a　　　　　　b　　　　　　c　　　　　　d

图3.2-15　上下箱体十字交错拼合示意
（图片来源：纪文渊绘）

如AMAGANSETT集装箱住宅，设计师用两个长1219cm、宽244cm的集装箱堆叠在另外一个集装箱的顶部，二层悬挑部分靠螺栓固定并焊接到主体建筑上。为了从一层房间到达二层，设计师安装了一个占据单个集装箱宽度的宽敞楼梯，因此楼梯也成为欣赏窗外一切美景的理想之地（图3.2-16）。

上下箱体呈"十"字交错放置的形式并不仅限于对两箱体或三箱体的应用，随着箱体组合数量的增加，其相应的建筑形态也变得更加丰富多样。如图3.2-17，上下两层各使用两个20ft标准货运集装箱进行十字交错放置，使得二层箱体与首层之间形成多个悬挑构成。

图3.2-16　AMAGANSETT集装箱住宅外观
（底图来源：archdaily. Amagansett集装箱住宅[EB/OL].（2020–12–17）[2024–02–10]. https://www.archdaily.cn/cn/953262/amagansett-ji-zhuang-xiang-zhu-zhai-mb-architecture?ad_source=search&ad_medium=projects_tab.）

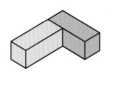 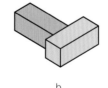 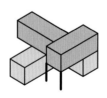

a　　　　　　　　b　　　　将a、b型交错集装箱上下叠加

图3.2-17　多箱体十字交错拼合示意
（图片来源：纪文渊绘）

如日本著名建筑师隈研吾设计的集装箱星巴克，借用大树开枝散叶的意象，结合中式斗栱的力学基础，层层穿插交错堆叠，赋予建筑以稳定组合空间感。集装箱的堆叠创造了一个高而通风的空间，将大量光线引入室内，远看仿佛积木塔一般充满趣味（图3.2-18）。

---

① 郭浩原. 集装箱建筑设计研究及适应性功能探索［D］. 合肥：合肥工业大学，2015：58-60.

图3.2-18　集装箱星巴克

（2）上下箱体呈斜角重叠

上下箱体呈斜角放置相对于上下箱体十字交错放置来说更能增强箱体对于功能、空间及外界环境需求方面的适应能力，但它在交接时需要额外进行结构处理，因此在集装箱箱体构成方式中较为少见（图3.2-19）。

图3.2-19　上海智慧湾上下箱体呈斜角放置的集装箱

（图片来源：余未旻摄）

上下箱体呈斜角放置，其建筑形态主要取决于箱体之间的相对位置关系。按照集装箱角柱相对位置分类可以分为以下四种：图3.2-20a为两端角柱不对位类型，但两箱体相对位置较为接近，受力较为合理；图3.2-20b为对角线上的角柱上下对位类型，竖向荷载通过两端角柱向下传递；图3.2-20c为一端角柱上下对位类型；图3.2-20d为两端角柱不对位类型，但两箱体相对位置较远。故一般情况下，上下箱体呈斜角放置需要利用附加结构来支撑，建造成本较高。[①]

如海尔斯考水上运动中心，其集装箱的体块打破了完全规则的对齐方式，每增高一层就旋转一个角度，垂直方向上的错位不仅产生了阴影和体块之间的有趣互动，还使得整个跳水塔在视觉上更具动

---

① 郭浩原. 集装箱建筑设计研究及适应性功能探索［D］. 合肥：合肥工业大学，2015：88-82.

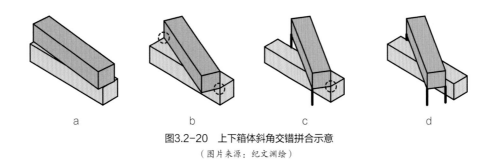

a   b   c   d

图3.2-20   上下箱体斜角交错拼合示意

（图片来源：纪文渊绘）

感和层次感（图3.2-21）。

4. 上下箱体大跨空间组合

上下箱体共同构成大跨空间的上部箱体，由下部的两箱体或垂直叠加的多箱体承担。在这种箱体构型中，使用20ft或40ft的箱体以不同的方式进行拼贴，能够形成不同的空间跨度。在大跨构型中，上部箱体和下部箱体通常通过角柱对位或直接搭落的方式拼合，但也存在焊接、锚固等其他的拼接方式。在适应性功能方面，这种大跨构型可以适用在各类艺术展及入口空间，上部箱体可以借助其高度及立面优势来布置各类展板及标语（图3.2-22）。

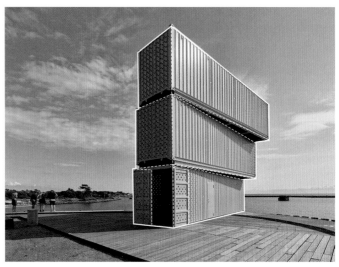

图3.2-21   海尔斯考水上运动中心外观

（底图来源：ArchDaily. 海尔斯考水上运动中心，三个集装箱一台戏[EB/OL].（2017-12-23）[2024-02-12]. https://www.archdaily.cn/cn/885892/hai-er-si-kao-shui-shang-yun-dong-zhong-xin-san-ge-ji-zhuang-xiang-tai-xi-sweco-architects.）

20ft 集装箱：

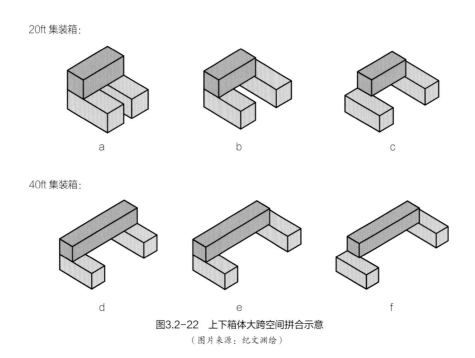

a   b   c

40ft 集装箱：

d   e   f

图3.2-22   上下箱体大跨空间拼合示意

（图片来源：纪文渊绘）

标准化生产的集装箱箱体通过上下箱体共同构成大跨空间，其跨度空间的大小往往受到箱体自身尺寸的限制，以40ft标准货运集装箱为例，其跨度可为7.24m至11.73m之间，这只能够满足一般大跨度建筑的功能空间需求。对于具有更大跨度需求的建筑而言，集装箱箱体可以作为大跨结构的竖向支撑，再通过钢结构顶棚等传统结构方式的结合来完成。通常情况下，使用集装箱箱体组合替代传统立柱支撑的结构方式主要有两种；箱体水平放置与竖立放置（图3.2-23）。[①]

图3.2-23 智慧湾上下箱体大跨空间造型

（图片来源：佘未旻摄）

日本建筑师坂茂所设计的游牧博物馆就使用了152个20ft货运集装箱作为其大跨结构的竖向支撑。箱体与箱体之间通过水平错落设置，构成了丰富的立面形态。与集装箱共同支撑钢架屋顶结构的是直径74cm、高10m的纸质柱体，这些构件都为博物馆的拆卸重组甚至延展提供了便利条件。对集装箱与新型纸质材料的运用也体现出建筑师坂茂的环保再生理念。目前，像集装箱一样四处漂泊的游牧博物馆已经相继在东京、纽约等城市流动展出（图3.2-24）。

图3.2-24 游牧博物馆

（底图来源：archdaily. 坂茂建筑事务所[EB/OL].（2016-01-12）[2024-02-13]. http://www.archdaily.cn/cn/779965/adjing-dian-you-mu-bo-wu-guan-ban-mao-jian-zhu-shi-wu-suo.）

3.2.3 集装箱模块组合的造型艺术

集装箱作为建筑组件，不仅是独立空间与结构单元，也是造型的基本元素，其组合和布局方式直接影响着建筑美观和适用性。通过总结这种模块化单元之间的组合拼装策略以及与其他材质、构件的

---

① 赵鹏. 集装箱建筑适应性设计与建造研究［D］. 长沙：湖南大学，2011：72-80.

连接方法，我们可以建构出更加符合使用者多元化功能需求与形态更具艺术感的建筑。[①]

1. 集装箱单元并置

使用同等规模的集装箱进行有秩序的排列与叠加，可使建筑外形简洁，组合结构简单清晰，其变化主要通过单元箱体本身的造型特色和箱体数量的变化完成，像堆积木一样建造。各箱体单元的角柱能够对齐接触，利于荷载的传递和角部构件之间的固定。造型方面，可以利用其方盒子形状的重复和韵律强化其视觉效果。

（1）单向串联

1）单元横向串联。仅仅可被用于模块单元相叠加的串联式规则。各个单元空间各自独立或者打通模块之间的接触面实现空间的融合，在外形上产生重复性的秩序感。

英国USM公司设计的立方体集装箱住宅由6个20ft集装箱建成，每两箱组成一个拥有独立卫浴的居住单元。箱体紧邻池面，横向并列排布，正面的落地玻璃门窗引入充足的自然光，并与水面交相辉映。建筑屋顶覆盖草皮，不仅起到保温隔热效用，还将建筑完美地融于自然美景中，像是从环境中生长出来的。这种单层低矮的住宅，为住户提供一个亲切、独立、私密、安静的生活环境（表3.2-3）。

<table>
<tr><td colspan="2" align="center">单元横向串联案例</td><td align="right">表3.2-3</td></tr>
</table>

 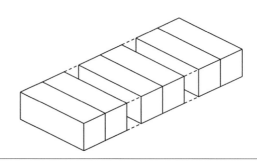

USM公司设计的立方体集装箱住宅	空间模式图

2）单元竖向叠加。因为集装箱箱体本身体量的特征，如果仅仅进行竖向重复叠加，是有一定高度限制的。特别是40～45ft的集装箱，长宽比较大，高度过高，受到横向风压时容易倾覆，因此这种模式一般作为交通空间或者地标建筑等方式出现。

在巴黎"移动集装箱灯塔"的设计中，设计师将港口的两个基本元素——集装箱和传统灯塔——融合在一起形成别出心裁的建筑创意。灯塔将4个集装箱竖向累叠构成10m高的灯塔，顶部安装可旋转光束桅灯。这个造型可在所有传统海港中见到，属航海运输中最具文化内涵的标志之一，而集装箱作为航海运输中主要的载货容器，也成为现代港口的标志（表3.2-4）。

---

① 张慧洁. 集装箱建筑设计与应用的研究［D］. 北京：北京建筑大学，2014：45-60.

单元竖向叠加案例 表3.2-4

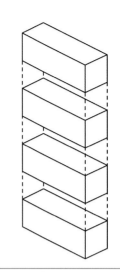

巴黎"移动集装箱灯塔"	空间模式图

（2）多向并置

将各层箱体上下对应叠置，每层并置相连的箱体数大于2个，随层数增多，并置的数目也增多，这种组合方式更能保证结构的稳定性。建筑的整体以方盒子的形态展现，简单大方。通常为箱体侧面相并，端部形成有大片落地玻璃推拉门的阳台，呈现通透、简洁、时尚、明亮的效果。

例如位于上海智慧湾科创园的集装箱办公楼项目，以两个集装箱为一组并列叠加，并通过北侧廊道将一组组集装箱联系起来，在立面上形成一定韵律感，同时也创造了一系列灰空间，增强了室内外的空间联系，提高了空间的利用率（表3.2-5）。

多向并置案例1 表3.2-5

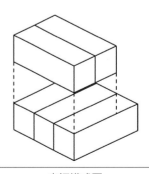

上海智慧湾科创园集装箱办公楼	空间模式图

位于法国的校园公寓立面设计手法也是用集装箱的单元空间并列叠加，以楼梯作为竖向交通核，联系水平层两个单元，将并列重置模块的规整大体量打碎成为多个体块，同时楼梯空间与单元模块相错，形成虚实对比和创造光影变化，增强建筑的节奏和韵律感（表3.2-6）。

多向并置案例2	表3.2-6
	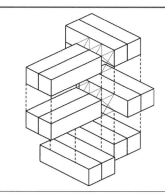
法国集装箱校园公寓	空间模式图

（3）集装箱造型的不规则组合——重叠 错位 斜交

为了打破整齐划一的形态，单个集装箱作为立体构件，可以通过平面和立面上的错位、错层、正交等手法，加上少量必要的加固构件，形成各种错动和立面上的错落变化。

1）重叠

法国的"十字箱"集装箱住宅项目，集装箱分上下层十字交叉叠放，在不经意间表现出时尚的外观；垂直组合的结构也具有不同的功效：上层集装箱从下层集装箱挑出，可以遮蔽前院的汽车，为后院提供荫凉（表3.2-7）。

重叠案例	表3.2-7
	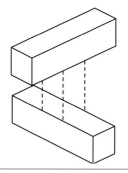
法国的"十字箱"集装箱住宅	空间模式图

2）错位

由挪威MMW建筑设计事务所设计的GAD画廊通过正交组合创造了极具特色的造型。集装箱以游戏"积木"的方式组装。GAD画廊最大的展厅设在一层，由五个20ft集装箱相拼而成，支撑着二层的三个40ft集装箱。二层呈半围合的"U"形，环绕出入口平台。其中两个集装箱，一侧由附加钢柱支撑而悬在半空，同时也承担着设于三层的、与它们正交叠加的两个40ft箱体的重量。上下层箱体互为借用，营造出大量的灰空间，这使画廊的建筑空间更加开放，不仅是艺术画廊，更为人们提供一个休闲娱乐的场所（表3.2-8）。①

———————————
① 张慧洁. 集装箱建筑设计与应用的研究［D］. 北京：北京建筑大学，2014：60-65.

错位案例　　　　　　　　　　　　　　　　表3.2-8

| GAD画廊实景 | 构成模式图 |
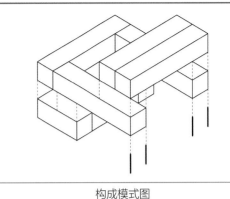

3）斜交

位于上海的PUB JULY洗车店，采用了集装箱上下斜交的手法，二层集装箱旋转的方向正好正对南侧的公园绿地，可获得更高的景观视野，同时也使得建筑的整体形态错落有致，光影丰富，富有雕塑感和现代感。倾斜方向的单元模块出挑，具有强烈的视觉冲击力，同时形成灵活多变的内外部空间。上下集装箱交错形成不同形态的室外平台，增加了空间的丰富性（表3.2-9）。

斜交案例　　　　　　　　　　　　　　　　　　　　　　表3.2-9

| PUB JULY洗车店 | 空间模式图 |
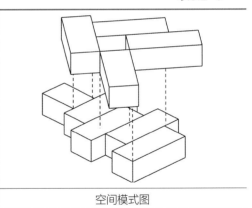

3.3　集装箱空间的附加设施形态

3.3.1　附加设施形态类型

集装箱通过基本改造，产生多变的造型，满足人性化的使用需求。集装箱的组合需增加构配件，这些构件数量与样式繁多，却是多数建筑中必不可少的组成部分，包括走道、楼梯、围栏、连廊、雨篷、平台、遮阳构件等（图3.3-1）。

大规模的集装箱组合有着更为复杂的空间和功能需求，更加需要附加构件配合组织交通流线、功能配置与空间引导。另外，如果加上不同的楼梯、柱、顶等附加构件，同一种箱体组合也会呈现不同的变化。设计者应充分利用附加结构或构件来丰富建筑的外观。它们的形式通常比集装箱更为灵活，

图3.3-1　集装箱建筑中的楼梯和走廊

更加适应复杂的形体处理（表3.3-1）。[①]

　　1）集装箱+支撑结构。附加构件可以为支柱、悬架或者连续钢框架等支撑构件，附加在集装箱表皮之外，形成空间限定，也可以形成通透的连廊空间。

　　2）集装箱+围合结构。附加构件可以为墙体、顶板或者地板，附加在集装箱表皮之外，形成半封闭或者通透的廊道空间。

　　3）集装箱+交通空间。附加构件可以为楼梯、廊道与平台等，附加在集装箱表皮之外，形成开敞的交通与休憩空间。

| 集装箱附加设施类型示意 | | | 表3.3-1 |

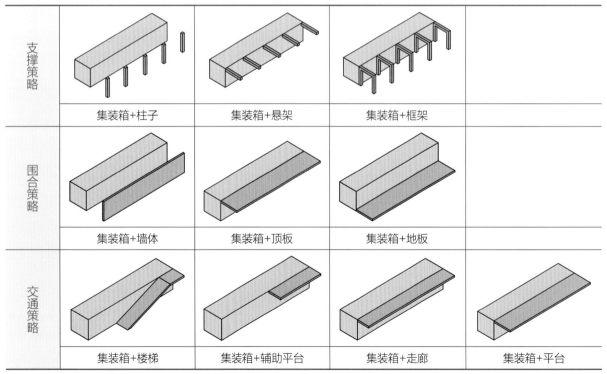

支撑策略	集装箱+柱子	集装箱+悬架	集装箱+框架	
围合策略	集装箱+墙体	集装箱+顶板	集装箱+地板	
交通策略	集装箱+楼梯	集装箱+辅助平台	集装箱+走廊	集装箱+平台

---

① 郭浩原. 集装箱建筑设计研究及适应性功能探索［D］. 合肥：合肥工业大学，2015：88-82.

3.3.2　附加设施的结构类型

通常来说，附加结构与集装箱箱体的组合以平行、夹心和叠加三种组合形式为主，除此之外还存在混合、穿插及相交的组合形式。附加结构以外界附加模块的形式与集装箱箱体模块进行组合，并出现在集装箱建筑的辅助性空间，其优势在于：可利用集装箱箱体作为受力支撑，减少对不必要附加结构的使用，从而有效地节约材料成本。

常见的支撑关系主要有以下六种：附加结构支撑集装箱、集装箱支撑附加结构、集装箱与附加结构共同支撑集装箱、集装箱与附加结构共同支撑附加结构、附加结构半支撑在集装箱上和集装箱与附加结构独自承重（表3.3-2）。[①]

集装箱与附加结构的支撑关系　　　　　　　　　　　　　　　　　　　表3.3-2

附加结构支撑集装箱	集装箱+附加结构共同支撑集装箱	附加结构半支撑在集装箱上
集装箱支撑附加结构	集装箱+附加结构共同支撑附加结构	集装箱和附加结构独自承重

集装箱箱体虽然是简单的空间模块，但随着附加结构的介入使得空间组合更加丰富多元，一方面增加了箱体适应空间需求的能力，另一方面也提高了建筑的物理环境性能及结构稳定性。附加结构通常借助底座、柱子、悬臂及框架来发挥支撑作用；借助楼板、墙体等形式完成空间的围合及分隔；借助楼梯等构件关联各个空间以保证各空间的可达性。这些构件在设计中运用得恰当与否会直接影响集装箱建筑的后期使用及维护，运用得当则可有效地节约工期，提高施工效率。[②]

---

① 郭浩原. 集装箱建筑设计研究及适应性功能探索［D］. 合肥：合肥工业大学，2015：88-82.
② 赵鹏. 集装箱建筑适应性设计与建造研究［D］. 长沙：湖南大学，2011：68-75.

第 4 章

单元空间聚合
——集装箱建筑群体的规划理念

集装箱建筑是由多个集装箱单元空间通过一定有秩序的组织方式聚合而成的群体空间。本章将通过三个方面来阐述以集装箱作为单元空间构型而成的丰富多样的集装箱建筑群体空间的规划理念。

首先是对集装箱单元之间的群体组合模式进行分析，类型可归纳为水平组合和垂直组合两类。其次是对于集装箱单元与附属建筑空间的组合模式进行分析，其中包括集装箱与不同类型附加空间的组合方式，如平台空间、上下空间、夹心空间和综合空间四种不同的组合方式，以及衍生出的混合式集装箱建筑的概念。运用集装箱单元对既有建筑进行改造，从而在建筑形态及空间扩展方面探索空间品质提升的更多可能性。最后是集装箱单元与院落空间的组合模式分析，院落空间是由不同界面组合起来的围合式空间，集装箱单元作为界面也能围合出不同形式的院落式空间，本章主要结合大量案例来探讨集装箱院落空间的组合类型和空间特征。

4.1 集装箱建筑单元的组合形态

集装箱建筑单元由于自身已具备独立的功能、完整的形态与界面，多个集装箱的形态组合将创造多样化的建筑造型、弹性可变的建筑功能与灵活开敞建筑界面。由于集装箱建筑灵活组合形态、轻型结构与造价低廉、快捷建造的优势，其建造地点也多见于自然与城市各种复杂环境或角落。在自然环境中，场地可能是湖畔、海滨、森林甚至是荒无人烟的沙漠；在城市环境中，场地可能是其他建筑的屋顶、大型建筑室内、城市广场、街道、公共绿地、滨水岸线或高架桥下。[①]

集装箱单元具有长方体的几何形态、对称性模块与均质化的建筑立面，便于沿着水平方向或纵横方向的复制组合，也便于垂直方向的堆叠生长，水平与垂直多向形态组合成具有一定规模和形式秩序的大型建筑群或综合社区。由此可见，集装箱建筑的群体组合为建筑与场地之间的关系创造了更多可能性，下文将按照单元复制生长的方向及集装箱建筑的群体组织方式——水平单元组合和垂直单元组合来分别阐述。

4.1.1 水平单元组合

水平单元组合是指所有集装箱建筑单元处于二维的水平面上，其组合向度可归纳为两个方向：长轴方向的组合拼接与短轴方向的组合拼接（表4.1-1）。一般较多见长轴方向的组合。水平长轴组合的空间，其空间形态方正，拆除部分集装箱界面，可配置成多功能的建筑空间。短轴方向的组合往往见于具有一定特殊功能的建筑，如展示空间、秀场、公共汽车候车亭、移动零售亭等。

水平单元空间组合（来源：根据相关资料整理）　　　　　　　　　　　　表4.1-1

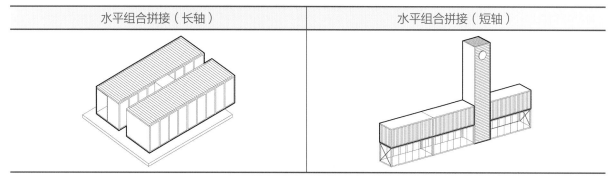

水平组合拼接（长轴）	水平组合拼接（短轴）

① 黄怡平. 当代便携式可移动建筑设计策略研究［D］. 南京：东南大学，2016：20-25.

续表

水平组合拼接（长轴）	水平组合拼接（短轴）
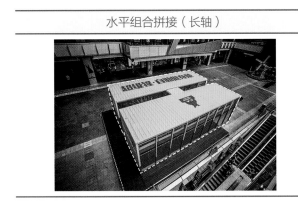	

水平组合方式的优势在于集装箱作为单体连接时不需要复杂的连接结构，可以在场地允许范围内自由增加单元数量。连接介质可以是集装箱自身界面、附加廊道、已有的道路系统或者城市基础设施。[①]

1. 利用附加廊道连接

（1）外走廊连接

外走廊连接模式是集装箱体组合设计中最为常见的一种方式，这种组合形式能够尽可能地减少对单元箱体空间布局的分割与破坏，为集装箱提供了较好的适应环境。常见的构成形式主要有两种。

第一种是在箱体短轴一侧，拆除部分侧板作为出入口空间，通过附加的墙板将剩余空间围合。这种模式适用于在建筑基地进深不足的情况下高效利用空间，缺点在于打破了集装箱的原有结构整体性，集装箱体的重复利用性被削弱（表4.1-2）。

第二种是大多数外廊式组合会使用的操作方法，就是在不切割箱体空间的情况下，通过附加结构构成连接各个单元箱体空间的交通走廊（表4.1-2）。[②]

外走廊式箱体空间构成示意（来源：根据相关资料整理）　　　　　表4-1-2

集装箱	部分外廊连接	全外廊连接
立方体集装箱住宅	洛杉矶住宅区	小仓旭幼儿园

① 黄怡平. 当代便携式可移动建筑设计策略研究［D］. 南京：东南大学，2016：20-25.
② 郭浩原. 集装箱建筑设计研究及适应性功能探索［D］. 合肥：合肥工业大学，2015：38-40.

如洛杉矶住宅区采用开放式的外走廊和开敞楼梯来连接长轴向拼接组合的集装箱，形成高效与便利的建筑动线。日本小仓旭幼儿园由34个尺寸不一的集装箱围合排列形成了宽敞的内庭院，环绕内庭院底层用开敞的连廊连接起由集装箱拼接成的单元，为幼儿创造了风雨无阻的半室外活动场地。

（2）内走廊连接

内走廊作为水平交通元素是最常用的建筑空间组织方式，通过内走廊可将多种建筑单元空间以线性、折线与曲线形式连接成整体，形成高效的空间组织模式。使用集装箱箱体进行内走廊式拼接时主要有两种形式。

一种是在单元箱体内部切割出公共交通廊道，为了节约建造成本，只需要拆除部分集装箱隔板，在中间形成交通走廊。但是考虑到两侧切割后的房间进深大小，这种模式大多数适用于40ft或45ft的长集装箱（图4.1-1）。

位于阿姆斯特丹的Qubic集装箱学生公寓就是内走廊式构成的典型案例，该学生公寓包括有715套学生宿舍、72间公寓以及餐厅。每层进深方向的两个单元套间是由三个20ft标准货运集装箱组合而成，交通空间则设置在中央箱体的中部。其底层的箱体与混凝土基础共同固定，而公寓顶部则通过附加轻钢遮阳屋面来覆盖。在空间布局中，设计师将采光及通风条件较好的两侧箱体设置成居住空间，厨卫空间则设置在靠近中间走廊的一侧。另外，在箱体组合的过程中，设计者特别镂空部分箱体作为屋顶阳台。同时，为了丰富建筑的外立面层次，在箱体端侧使用了颜色丰富的有机玻璃窗及装饰面板，从而打破了预制装配式房屋所带来的立面的单调感（图4.1-2）。[①]

图4.1-1　Qubic集装箱学生公寓立面

（底图来源：远东集装箱网. 当代集装箱建筑模块化设计策略研究（20）[EB/OL].（2013-04-05）[2024-03-12]. http://www.fareastcontainers.com/news/13040503.html.）

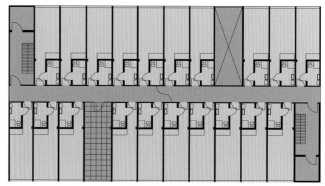

图4.1-2　Qubic集装箱学生公寓平面示意
（绿色为集装箱 橙色为连廊及楼梯）

（图片来源：作者根据资料自绘）

另一种是箱体与箱体之间通过额外附加钢结构或混凝土结构组成内走廊的形式，保证了集装箱体的结构整体性，但在拼接过程中，需要对箱体进行额外的支撑以保证整体结构的稳定（表4.1-3）。如荷兰斯洛达姆公寓总长300m，内部设置了大量的住宅单元，公共走廊连接住宅单元，方便从一端到达另一端，通过不同的色彩来区分公寓和艺术馆等功能区域。

---

① 郭浩原. 集装箱建筑设计研究及适应性功能探索［D］. 合肥：合肥工业大学，2015：50-68.

内走廊式箱体构成示意（来源：根据相关资料整理）　　　　　　　　表4.1-3

内增附加内走廊	外增附加内走廊

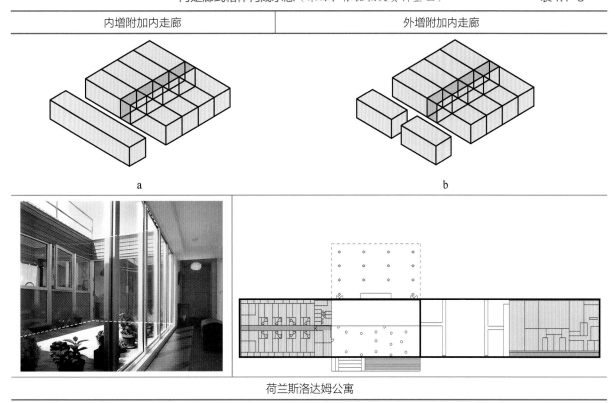

a　　　　　　　　　　　　　　　　　b

荷兰斯洛达姆公寓

2. 利用原有道路系统连接

考虑到单个集装箱体也具备独立的功能，利用原有道路系统和空地，直接将集装箱水平堆放在空地上，这样接近零成本的建造模式往往适用于临时性使用需求，例如举办临时性展览，或者临时性居住或者售卖等，以下案例中的单元空间虽然并非都是集装箱，但是其空间组织模式可以借鉴。

例如荷兰折叠酒店，可省去在场馆和旅馆间周转的交通成本，酒店的社区性质又给他们的交流提供了可能。每个标准间都配备了水电设施、基本家具和洗漱用具，对游客是一次独特的露营体验。

由于酒店单元的基数足够大，因此能组合成形式多样的社区。酒店单元的布局方式可随场地情况调整：在开阔地带，酒店单元全部环绕中心布置，前后之间错动排列，以满足视线需要（图4.1-3）。

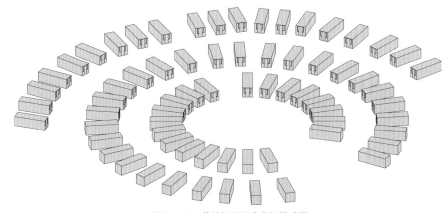

图4-1-3　荷兰折叠酒店空间模式图

（图片来源：陈敏仪绘）

在用地紧张的地带，酒店单元采用行列式布局，尽可能提高交通效率和空间利用率。[①]

3. 利用既有城市基础设施

集装箱体由于高度的模数化，可以与各种不同的城市基础设施结合，从而发展出契合当地特色的建构模式。如位于挪威的安道尔森尼斯市曾经专注于制造石油钻井设施，因此留有大量铁轨，在工业城市转型为旅游城市后，亟待改造城市基础设施。瑞典阿格尼法尔特·米尔顿（Agnefalt Milton）建筑事务所利用现存铁轨系统建构了一个"流动的城市"概念，建筑体块下面装有轮子，可随轨道穿越高山、河

图4.1-4　瑞典阿格尼法尔特·米尔顿建筑事务所设计的流动房子
（底图来源：理想生活实验室. 废旧铁轨上的骚动，Jägnefält Milton的移动城市来啦[EB/OL].（2012-08-28）[2024-03-12]. https://www.toodaylab.com/37224.）

流、市区，并且有多种组合方式，整个规划包含宾馆、音乐厅和浴室。这一概念有效开发了城市既有基础设施，并使城市能够应对旅游旺季和淡季的不同需求（图4.1-4）。利用集装箱的轻便与可移动性的特点，以及城市废弃或闲置的城市基础设施，输送集装箱建筑，恰好契合了"流动的城市与建筑"的概念。[②]

4.1.2　垂直单元组合

垂直单元组合是指将集装箱单元在垂直方向相互累加，建筑组合体在Z轴方向生长。这种组合方式的优点在于占地面积小，节省土地资源，各单元的视野更加开阔；缺点在于对集装箱单元自身及附属框架的结构要求较高。

1. 单个核心筒

在高层建筑中，单个核心筒的平面布局模式应用最为广泛，集装箱单元垂直组合也是如此，但要注意此模式仅适用于标准层平面规模不大的情况，即可以通过一个核心筒满足当前楼层疏散需求的情况。

海运集装箱摩天大楼位于印度孟买达拉维，由GA建筑设计事务所（Ganti Asociates）设计。此项目设想为孟买人口过剩的达拉维贫民窟的人们提供临时居住场所，通过以集装箱为单元的设计特色一举赢得了国际概念设计比赛大奖。该项目仅仅凭钢质集装箱堆砌，不加任何额外支撑就可达到10层楼高，其是由一系列自架集装箱组构成的100m高的高层建筑，每8层由钢框架梁加以分隔。

每间公寓都由3个40ft的集装箱组成。每个房间通过3个集装箱交错达到符合审美和人体工程学的要求。住户单元围绕容纳垂直交通（即电梯和楼梯）的核心筒对称分布。并且在建筑中采用了多项绿色技术，整栋建筑的能耗以及工程造价都被降到最低，符合当地的经济实力（图4.1-5、图4.1-6）。[③]

① 黄怡平. 当代便携式可移动建筑设计策略研究［D］. 南京：东南大学，2016：45-52.
② 黄怡平. 当代便携式可移动建筑设计策略研究［D］. 南京：东南大学，2016：45-52.
③ 刘刚，原野，侯丹，等. 集装箱建筑性能优化设计研究与实践［J］. 动感（生态城市与绿色建筑），2016，（3）：59-64.

图4.1-5　孟买贫民窟海运集装箱摩天
大楼标准层平面

图4.1-6　集装箱摩天大楼效果图

（图片来源：搜狐. 为孟买贫民窟而造的集装箱摩天大楼设计欣赏[EB/OL].（2018-08-14）[2024-03-12]. https://www.sohu.com/a/247008864_746308.）

2. 多个核心筒

与单个核心筒的模式不同，当标准层的平面过大，一个核心筒无法满足交通需求时，可采用多个核心筒的模式。下面的案例拥有巨大的单层平面，多核心筒的设计满足了基本的疏散要求。

LOT-EK事务所设计的可移动居住单元（Mobile Dwelling Unit，MDU），由集装箱改造而成，不仅关注到单体自身的变化，还充分利用集装箱的模块化特征，设想了一套供单元停泊的框架。其组织原理类似立体停车场，框架中包括楼梯、电梯和服务设施，通过叉车将居住单元抽出与置入，在城市中的不同框架间转移。集装箱原有的不同颜色使每户单元都具有辨识度，随着集装箱数量的变化，整个大楼的颜色与密度也在发生变化。整体而言，MDU框架实现了一个动态的城市综合体。从城市设计角度看，通过多个MDU框架之间相互变换居住单元，各个社区的建筑数量并不固定，在一定程度上呼应了动态城市的理念（图4.1-7）。[①]

3. 通高式内廊

通高式内廊可被看作是单个核心筒模式和内廊道模式的结合，减少了内廊道压抑狭窄的空间感受，同时为整个建筑提供了公共交流的场所，可谓是一举两得的空间模式。

荷兰建筑师Mart De Jong设计的乌得勒支大学集装箱宿舍与MDU的不同之处在于没有支撑框架，仅靠箱体自身强度相互叠加，因此添加或减少模块需要遵循一定顺序。这个方案中的空间盒，虽

---

① 黄怡平. 当代便携式可移动建筑设计策略研究［D］. 南京：东南大学，2016：45-52.

然没有使用集装箱的材质，但是通过上下贯通的大空间连接垂直叠放2～3层的集装箱在技术上还是可行的。同时，通高的内廊空间可以减轻集装箱叠放的压抑感，是一个较为讨巧的设计手法（图4.1-8、图4.1-9）。

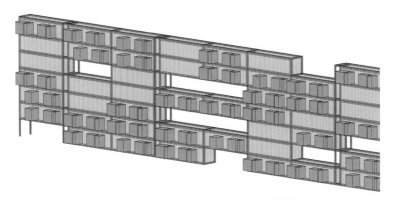

图4.1-7　LOT-EK事务所设计的可移动居住单元
（图片来源：陈敏仪绘）

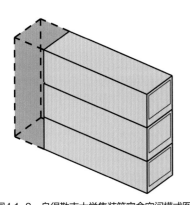

图4.1-8　乌得勒支大学集装箱宿舍空间模式图
（图片来源：陈敏仪绘）

图4.1-9　乌得勒支大学集装箱宿舍外景图
（底图来源：曼曼的绝妙世界. 创意设计：世界各地华丽的大学宿舍，完全改变我对学生宿舍的认识[EB/OL].（2018-09-05）[2024-03-12]. https://baijiahao.baidu.com/s?id=1610765643187665467&wfr=spider&for=pc.）

本节从空间维度上对集装箱建筑群体的组合进行了分类，分别介绍了水平方向和垂直方向的组合模式，其中可以看到集装箱建筑群有着明显的模块化特征，建造成本和建造速度相对于普通建筑有着得天独厚的优势。同时，空间的可移动性也是普通建筑所无法媲美的，但建设大型集装箱建筑群体时，一定要考虑各种各样的环境因素，根据场地特点选择合适的组合模式。这样既保证了集装箱建筑的合理性和宜居性，又能达到响应政府倡导绿色建筑和节能减排的目标。

4.2　集装箱与附加建筑的组合形态

在集装箱建筑中，不单单只有集装箱一种建筑元素，还有集装箱与其他材料、结构的混合体。这基本上可分为两种不同类型。一种是建筑实体以集装箱本身及其扩建部分构成。通过对实体存在方式的改变，包括本身集装箱的改建及扩建工程，改变实体的外部存在形态，从而达到实体的扩展功能。另一种是原有建筑实体与集装箱单元共同构成空间。这时，整个集装箱作为新的建筑结构类型出现在建筑设计中，是对原有建筑空间的一种扩充和丰富。[①]

4.2.1　集装箱与附加空间的结合

在集装箱建筑群中，单个集装箱内部空间往往不足以被使用，需要在其周边增加额外构件或者多个集装箱组合来增加其使用效率，这一小节主要探讨的是集装箱与这些扩建部分的空间关系与组合模式。

这里先引入"附加空间"的概念，它是指利用原有箱体本身的错位组合形成的夹心空间，或者临近箱体壁板、顶板、底板的附着空间，或者因添加其他构配件架空的箱体或遮盖的空间等这些空间的总称。这种空间手法作为对集装箱内部空间的补偿，增加了使用面积，也提高了箱体的使用效率。

1. 附着空间

附着空间，顾名思义就是附着在集装箱体周边的空间，其中分为两种模式（表4.2-1），一种是附着在集装箱端面的空间，另一种是附着在集装箱侧面的空间，它们同时可以成为集装箱建筑的室外平台或室内外过渡的灰空间等。

附着空间示意（来源：根据相关资料整理）　　　　　　　　　　　　　　　　　表4.2-1

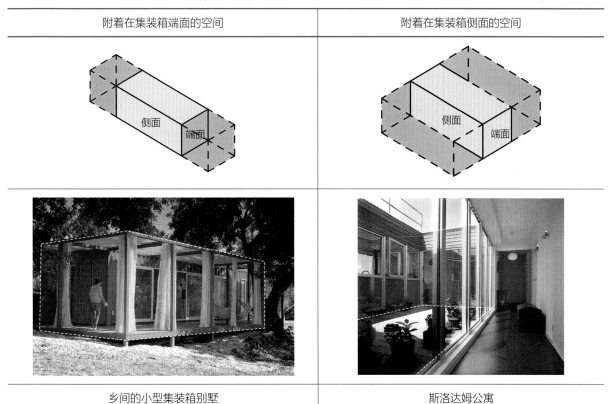

附着在集装箱端面的空间	附着在集装箱侧面的空间
乡间的小型集装箱别墅	斯洛达姆公寓

---

① 崔海莘. 集装箱建筑的造型设计研究［D］. 哈尔滨：东北林业大学，2016：50-55.

表4.2-1中的小型集装箱别墅隐于乡间，沿整座建筑的侧面和端面都设置宽敞的木质平台，把有限的内部空间向外扩展延伸。同时，借助大幅的落地玻璃门，将内部空间同室外的美景融为一体，更显现出室内的开敞度。

2. 上下空间

上下空间，指的是集装箱顶部空间或者挑空集装箱下方的覆盖空间，在集装箱的上部可以作为室外平台来使用，而下方的覆盖空间可以作为建筑的灰空间等。如北京生菜屋集装箱住宅利用集装箱屋顶形成菜园；韩国大学实验室通过集装箱单元的堆叠形成错落的室内外空间，提供了充裕的屋顶平台以及檐下的灰空间（表4.2-2）。

上下空间示意（来源：根据相关资料整理）　　　　表4.2-2

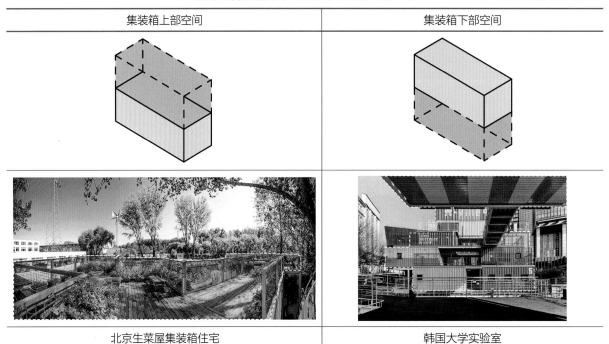

集装箱上部空间	集装箱下部空间
北京生菜屋集装箱住宅	韩国大学实验室

3. 夹心空间

夹心空间，分为水平方向和垂直方向，水平方向又分为集装箱端面的夹心空间或者集装箱侧面的夹心空间，垂直方向指的是上下集装箱组合成的空间，类似于上下空间。窄一些的夹心空间可以作为连接集装箱的连廊，宽一些的可以作为承载活动的公共空间等（表4.2-3）。如意大利的PUMA CITY集装箱专营店由24个独立的70ft集装箱平行排列，相互错落构成三层丰富的悬挑空间、二层平台空间与顶层的露台空间。还有班加罗尔集装箱办公室，集装箱单元之间相互交错形成二层的屋顶平台。

4. 复合空间

上文介绍的集装箱建筑群体空间设计手法往往被混合使用，形成复合空间，目的是通过集装箱体块的不同组合，形成形态各异的空间模式，以此来增加集装箱建筑的空间多样性。以下通过案例来详述集装箱复合空间模式的应用。

夹心空间示意（来源：根据相关资料整理） 表4.2-3

端面夹心	侧面夹心	上下夹心
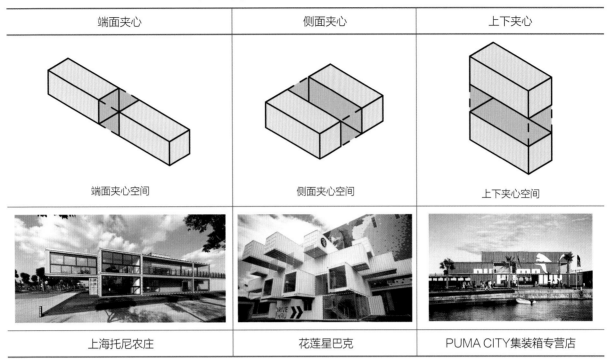		
端面夹心空间	侧面夹心空间	上下夹心空间
上海托尼农庄	花莲星巴克	PUMA CITY集装箱专营店

　　位于上海的智慧湾科创园集装箱办公楼，使用不同尺度的集装箱作为基础元素形成复合空间。丰富的组合模式造就了形态各异的办公空间，满足了不同规模小型企业的空间需求。集装箱水平与垂直组合而成的悬挑空间，塑造了此起彼伏的动态立面，并且造就了不同尺度的室外灰空间，增强了室内外的空间渗透（图4.2-1）。通过不同尺寸集装箱围合形成的内院，使人们在工作时能够获得较好的景观视线，提升办公空间的品质（图4.2-2）。

图4.2-1　上海智慧湾科创园集装箱办公楼立面
（图片来源：余未旻摄）

图4.2-2　上海智慧湾科创园集装箱办公楼内院
（图片来源：余未旻摄）

　　把箱体复合空间做到极致的，是用上下箱体构建大跨空间。上层单元箱体横跨在下层箱体之上，下部两端各由一个箱体或垂直叠加的多个箱体支撑。这种叠加方式可形成较大跨度的覆盖空间，同时两边的支撑结构也营造出私密的小空间。使用不同规格的箱体或不同的拼接支撑方式，建筑跨度及给人的空间感受也不尽相同（图4.2-3）。[①]

图4.2-3　上海智慧湾科创园集装箱办公楼内院
（图片来源：余未旻摄）

4.2.2　混合式集装箱建筑

混合式集装箱建筑，一方面促进了集装箱建筑结构本身与其他建筑结构相融，另一方面在保持了自身结构色彩的同时增添了新的建筑色彩，同时又节约了建筑的建造成本。集装箱建筑的加入，是对环境的一种适用态度，更是对建筑潮流的引领，接下来我们将阐述一些混合式集装箱的建筑案例。

1. Cargo集装箱办公室

Cargo集装箱办公室位于瑞士日内瓦城市中心的一座工厂的生产大厅内部，现被改造成办公空间（图4.2-4）。为了充分利用面积780m²、室内净高9m的生产空间，在大厅进深的一部分竖向摆设了16个被回收利用的色彩各异的旧集装箱单元，占地200多m²。每个独立的集装箱分别被作为会议室、餐厅、休闲区、浴室等公共空间使用，并根据使用功能需要分设在底层与二层不同的垂直空间。为了增加集装箱的室内通透感，集装箱公共空间面向大厅的两端立面开设落地玻璃窗。二层集装箱单元之间空置的区域成为办公空间的二层平台，并设置钢楼梯连接上下层空间，为办公人员提供休闲活动的开敞空间（图4.2-5）。

2. 12号集装箱住宅

12号集装箱住宅不同于传统的集装箱住宅建筑形式，是将12个橙色集装箱置于混凝土基础之上，两层集装箱组成了"T"形。两组集装箱体覆盖于大跨度钢结构屋架之下，中间形成住宅的公共空间。中央通高的宽敞空间被玻璃体包裹，其中布置客厅、餐厅等起居功能空间和两部直跑楼梯。一层集装箱体主要承担厨房、书房和卧室等功能，外墙直接使用集装箱原有的波纹板，朝向室内玻璃体空间的侧墙板被移除，形成视线和空间上的交融；二层箱体空间相对私密，主要功能为浴室、卧室和

---

① 张慧洁. 集装箱建筑设计与应用的研究［D］. 北京：北京建筑大学，2014：45-60.

办公空间等，朝向大海的方向设有宽敞的室外露台，提供室外休闲场所，也是室内空间向室外的延伸（图4.2-6）。[①]

图4.2-4　Cargo室内实景

图4.2-5　Cargo集装箱会议室

（底图来源：ArchDaily.Cargo/group8[EB/OL].（2014-03-18）[2024-03-12]. https://www.archdaily.cn/cn/601090/.）

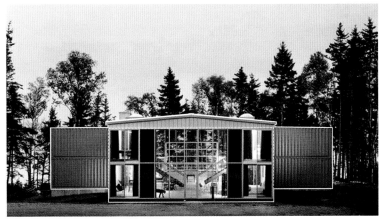

图4.2-6　12号集装箱住宅

（底图来源：远东集装箱网. 12号集装箱住宅（1）[EB/OL].（2014-06-12）[2024-03-12]. http://www.fareastcontainers.com/news/14061201.html.）

　　本小节从集装箱与附属建筑的空间关系出发，提出了附加空间的概念，研究了集装箱与附加空间的各种组合模式，以及混合式集装箱建筑的相关案例。可见集装箱建筑群体往往不局限于箱内空间的营造，而是通过结合集装箱的附加空间来增加其利用率，创造出更多的空间可能性。甚至有些项目是在原建筑的基础上添加集装箱的元素，把它作为一种新结构模式融入其中。因此，在既有建筑更新改造兴起的当下，集装箱元素的植入是非常具有借鉴和应用价值的。

4.3　集装箱的院落组合体系

　　集装箱院落与一般建筑院落有诸多差异：在院落组构模式上，首先集装箱作为院落的界面有着独特的工业化美感，在视觉上相较于普通院落更具有冲击力；其次，集装箱独有的模块化建构模式使得

---

① 张汝婷. 集装箱建筑案例分析［D］. 西安：西安建筑科技大学，2017：68-70.

其围合的院落存在更多的空间可能性；在院落景观设计上，由于集装箱的工业化特征突出，因此院落环境需要清晰的逻辑结构、典型的景观场景作为空间载体，以最简洁有力的形式表现庭院的主题。本章节结合集装箱建筑的组合特点，以集装箱组成院落形态的界面数量进行分类，从双界面围合到四界面围合来介绍集装箱的院落式组合体系。

4.3.1 集装箱院落组合空间模式

1. 双集装箱界面围合

双集装箱界面围合是通过两个集装箱界面形成的半围合院落空间，这样的院落对外开放性比较强，适合作为庭院入口来使用。围合模式分为两种，第一种是两个界面围住庭院的一个角，另外两个界面对外开放，这是集装箱建筑入口的常用处理方式，半围合的空间同时兼顾入口广场和景观功能的需求（图4.3-1）。第二种是两个界面平行放置，另外两个界面使用矮墙或者绿化带隔离。使用这种做法的庭院封闭性更好一些，属于一种兼顾私密性和公共性的做法，往往适合作为内部庭院来被使用（图4.3-2）。

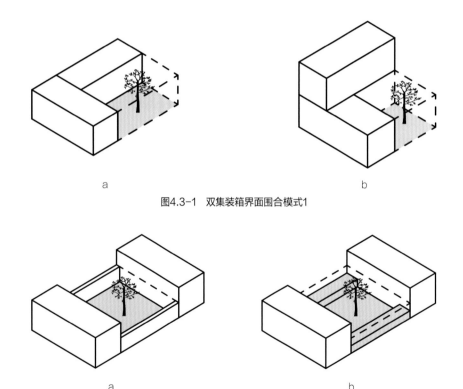

a   b

图4.3-1　双集装箱界面围合模式1

a   b

图4.3-2　双集装箱界面围合模式2

2. 三集装箱界面围合

三集装箱界面围合是通过三个集装箱的界面形成半围合院落空间，开放性相较于双集装箱界面弱一些，庭院的围合感更加强烈，主要分为四种模式，第一种是三个方向的集装箱直接落地，让庭院只对一个方向开放，这种空间模式限定性很强，适合用作入口广场或者表演舞台等（图4.3-3a）。第二种是两个集装箱落地，一个集装箱采取架空的方式，提高庭院的视觉渗透，这种模式显得集装箱体量更轻盈（图4.3-3b、图4.3-3c）。第三种是一个集装箱落地，两个集装箱架空，进一步降低空间封闭程度，增加底部灰空间，对外更加开放（图4.3-3d、图4.3-3e）。第四种是集装箱全部架空，这样的操作情况比较多应用于山地地块，平地中的限定性比较弱，外界对其内部环境影响较大（图4.3-3f）。

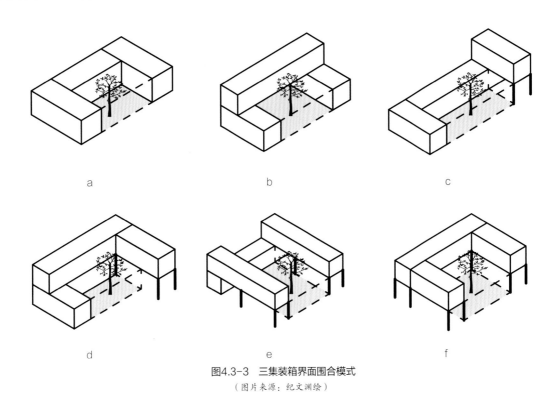

a　　　　　　　　　　　b　　　　　　　　　　　c

d　　　　　　　　　　　e　　　　　　　　　　　f

图4.3-3　三集装箱界面围合模式

（图片来源：纪文渊绘）

3. 四集装箱界面围合

四集装箱界面围合是通过四个集装箱的界面形成的院落空间，由于界面都是实体，庭院的围合比较完整，从功能的角度来看适合作为集装箱建筑的内院。主要分为五种模式，第一种是集装箱全部落地围合成一个院落，这样的空间私密性好，但是集装箱的堆叠高度不宜太高，否则空间上会比较封闭（图4.3-4a）。后面四种方法分别把集装箱的体块架空一个、两个、三个以及全部架空，其优点在于院落的开放性依次增加，同时削弱了集装箱的体量感，缺点在于随着架空界面的增加，附加结构也会增多，建造成本会上升，底层结构的密度也会直接影响空间的开敞感受（图4.3-4b～图4.3-4f）。

本小节探讨了集装箱建筑院落空间的组合模式，从界面数量的角度阐述了各种不同的院落形态。从中可以发现由于集装箱具有模块化特点，以一种类型的庭院可以用不同的组合模式去创造不同的空间体验。这里只是讨论了单一庭院的围合模式，在集装箱建筑群中，可以把不同的院落组合起来，形成有层次、有梯度的院落空间，增添集装箱建筑的空间多样性。

4.3.2　集装箱院落空间分析

在集装箱院落空间的景观设计中，凸显工业感是一个重要的设计思路，同时由于集装箱的外表面比较统一，因此不宜选择过多的元素，宜用简洁的手法展现集装箱院落的工业美感与文化内涵。

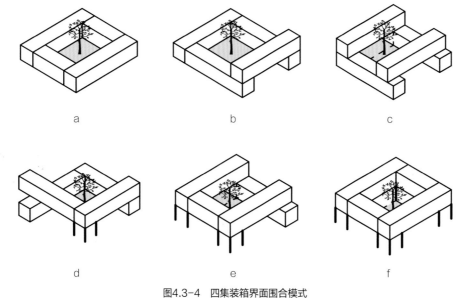

图4.3-4　四集装箱界面围合模式

（图片来源：纪文渊绘）

1. 运用工业质感强的材料元素

　　集装箱庭院地面铺装适合以旧砖、料石或者清水混凝土为主要选择，料石主要用于静态空间的铺设，类似枯山水的设计，而青砖或者混凝土可用作庭院道路铺装。在绿地和小路边界处，可采用锈板来做绿化花池，增加院落的工业感气息。休憩座椅可使用石块、木料和高强度塑料来制作（表4.3-1）。

工业质感强的景观元素（来源：根据相关资料整理）　　　　　　　　表4.3-1

枯山水元素	砖石碎石元素	
锈板元素	木头塑料元素	

2．运用轻量化的绿色植物

由于集装箱院落在体量上往往不会很大，在绿色植物的选择上不宜选择大型树种，基本上以小型树种或者盆栽为主。植物种类大多数选取乔灌木、藤蔓及地被植物，乔灌木类如西府海棠，藤蔓类如爬山虎，草本类如马蔺、大花萱草等（图4.3-5）。[①]

图4.3-5　植物在集装箱院落中的使用

（图片来源：余未旻摄）

3．运用现代雕塑、装置等公共艺术点缀空间

现代雕塑、装置艺术的元素与集装箱建筑院落的工业化气息比较契合，现代雕塑可以成为集装箱院落空间的焦点，交互装置也能增添院落空间的趣味性，不失为集装箱公共空间营造的亮点。在集装箱建筑群中，各个院落可以通过雕塑、装置表现其各自主题，形成每个院落独有的标识（图4.3-6）。

图4.3-6　结合集装箱元素的雕塑装置

（图片来源：余未旻摄）

集装箱庭院景观设计通过将工业废旧材料变废为宝，对传统园林文化的元素提炼，用简单的手法展现出工业美感与文化内涵相融合的生态庭院。本小节通过材料、植物选取以及公共艺术三个方面介绍集装箱庭院的景观要素，目的是在面积有限的集装箱庭院空间里，通过赋予庭院以明确的主题，利用自然，师法自然，建立景观与建筑、景观与人的和谐空间关系。

---

① 郝卫国，韩冬，王淼．"石·书·树"集装箱阅读体验舱庭院景观设计［J］．中国园林，2016，32（2）：92-97.

总的来说，集装箱建筑的院落空间，通常需要与墙体、栏杆等其他建筑构件相结合，可形成开放式、半开放式、封闭式三种类型的围合空间。这些空间类型可以对集装箱内部空间的不足起到补偿的作用，常常被作为内庭院、露台、车库、场馆等辅助性空间使用，有效地增大了集装箱建筑空间的利用率。[①]

4.4 集装箱的异形组合体系

集装箱模块化的单元更易于在水平与垂直方向进行多维度的拼接组合，也可以通过多个集装箱进行院落组合，因而集装箱建筑形态往往更加趋于规则，但是也有一些特殊的集装箱建筑，通过单元的穿插组合，借助其他结构支撑形成丰富形体，或通过集装箱长轴拼接形成纽结的带状形态，或借助其他结构支撑将集装箱倾斜放置，呈簇团状形态，或将集装箱单元在垂直方向堆叠，并形成台阶状退台，以下将通过案例一一阐述。

1. 穿插支撑

集装箱单元通过水平向的拼接组合、垂直向的堆叠，还可以形成水平与垂直向复合穿插的形体关系。尤其是在空间穿插过程中形成的大尺度悬挑，往往需要借助其他钢结构的支撑来保证结构的稳定性，从而不受集装箱单元自身结构的限制，形成丰富多变的形态（表4.4-1）。如印尼amin集装箱图书馆由8个集装箱，通过穿插、架空、悬挑等空间操作手法构型而成，不同颜色的集装箱代表图书馆不同对象与图书的不同阅览区域，以通透的玻璃凸显了环绕而丰富的交通路径，通过不同颜色的钢结构支柱斜向支撑大幅度悬挑的形体，创造了建筑整体轻盈而开敞的工业风格。

穿插支撑组合案例（来源：根据相关资料绘制） 表4.4-1

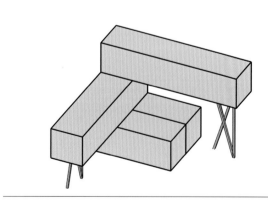 

| 穿插支撑 | 印尼amin集装箱图书馆 |

---

① 于乔雪. 废旧集装箱在建筑设计中的再利用研究［D］. 西安：长安大学，2016：56-58.

2. 纽结

集装箱长轴方向的拼接组合可提供线状的廊道空间，在用地不受限制的基地可组合成多种异形的形体组合，突破传统的建筑建造思维，形成具有几何感的造型形态。如位于印度大诺伊达牙科学院的学生咖啡中心，利用校园的"丁"字形道路转角的基地，突破场地扁平化的开敞空间，通过集装箱的架空错层纽结拼接，构成"8"字形类似莫比乌斯环的集装箱线性建筑，成为校园内时尚、有创意的公共空间（表4.4-2）。

纽结组合案例（来源：根据相关资料绘制）　　　　　　表4.4-2

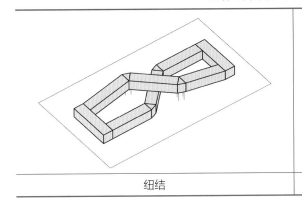 

纽结	学生咖啡中心

3. 斜置

突破通常海运集装箱规则方正的整体形象，不再借助集装箱自身的受力体系与结构限制，而是借助其他结构支撑与吊装，将集装箱进行一定的表皮切割、斜置或者悬吊固定在场地中，形成一种非稳态的结构形态，启发艺术家和设计师超越既定思维体系去进行设计探索（表4.4-3）。

斜置组合案例（来源：根据相关资料绘制）　　　　　　表4.4-3

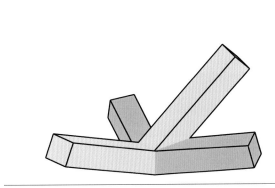 

斜置	约书亚树国家公园的集装箱住宅

位于韩国的APAP开敞学校，利用尖角切割拼接，在垂直方向形成高3m多的巨大倾斜体量，通过吊装杆件将箱体锚固在黑色斜杆上，在茂密树林中形成造型独特的公共装置（图4.4-1、图4.4-2）。约书亚树国家公园的集装箱住宅在广袤无垠的沙漠地带，采用簇团状的箱体形态，通过混凝土底柱支撑斜插入地面而悬空的箱体，将视野和自然光线引入建筑内部（表4.4-3）。

图4.4-1 韩国APAP开敞学校实景图

图4.4-2 韩国APAP开敞学校鸟瞰

（底图来源：专筑网. APAP开敞学校[EB/OL]. （2013-02-18）[2024-03-12]. http://www.iarch.cn/thread-8635-1-1.html.）

　　还如位于韩国港口城市仁川市海域的观景台，将三个集装箱分别倾斜10°、30°和50°放置，形成面向不同方向的观景台（图4.4-3）。还有中国台湾高雄货柜艺术装置，将5个箱体切割、穿插斜置在场地中，隐喻人生中的五个不同阶段与心理特征（图4.4-4）。

图4.4-3 韩国仁川市海域观景台

（底图来源：集装箱房屋网. 韩国，观海台Oceanscope（海景）[EB/OL]. （2016-08-11）[2024-03-12]. https://www.jizhuangfang.com/show/20160809805.html.）

图4.4-4 中国台湾高雄货柜艺术装置

（底图来源：ArchDaily. 高雄货柜艺术节装置，在集装箱中穿越人生五大阶段[EB/OL]. （2018-04-29）[2024-03-12]. https://www.archdaily.cn/cn/893403/.）

4. 退台

　　集装箱的垂直向堆叠或者结合大型钢结构框架在垂直方向的堆叠，可以形成集装箱的高层住宅建筑，突破集装箱建筑在竖向的高度极限。但是箱体的堆叠往往多是对齐堆叠或者部分采用抽拉式的箱体悬挑，以便保证箱体建筑结构的稳定性，但是少数集装箱建筑借助其他结构支撑，也可以形成阶梯状逐渐退台的建筑造型。

　　如卡罗尔之家采用21个集装箱堆叠而成，堆叠的箱体层层后退，形成台阶状屋顶平台，底层悬挑的内凹空间恰好形成车库入口，巧妙地解决了城市剩余空间的充分利用问题（表4.4-4）。

退台组合案例（*来源：根据相关资料绘制*）　　　　　　表4.4-4

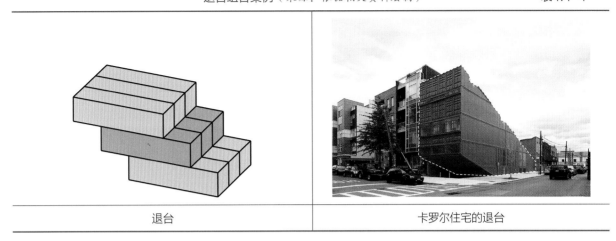

退台	卡罗尔住宅的退台

　　本章从集装箱组合单元的组合形态、院落式组合模式与空间分析及集装箱的异形组合体系等方面阐述集装箱建筑群体的规划理念，力求全面展现集装箱建筑群体的组构模式及其未来的发展趋势。

第 5 章

集装箱建筑的性能优化

随着集装箱建筑应用范围的扩大，越来越多的专业人士参与到集装箱建筑的开发、设计与建造过程中，对集装箱建筑在功能、结构、形式等各方面的拓展创新起到了巨大的推动作用。现阶段国内的集装箱建筑大量用于临时建筑，缺少系统化正规化设计，建造及验收标准也不健全，集装箱建筑的绿色化以及性能优化设计也没有引起足够的重视。[①]虽然集装箱本身就具有绿色特性，但要使其成为能够满足使用者舒适度需求的建筑，还要进行性能优化设计。本章主要针对集装箱建筑的基础设计、结构改造与加固、绿色节能技术及环境安全技术等进行系统介绍。

① 王伟男. 当代集装箱装配式建筑设计策略研究［D］. 广州：华南理工大学，2011：55.

5.1 集装箱建筑的基础设计

集装箱具有装配式特性，并且集装箱的自重比较轻，因此集装箱建筑的基础与其他类型建筑的基础略有不同。集装箱建筑基础在某种程度上具有埋深浅、可临时使用、可重复使用等特点。

集装箱建筑宜采用天然地基，由于集装箱建筑自重较轻，当下部空间无利用需求、地基土满足承载力要求且无地表水滞留时，可将集装箱底地基土夯实找平后，以素混凝土基墩或素混凝土筏板支承箱体。

当3层及以下房屋结构的地基土承载力小于60kPa或3层以上多层房屋结构的地基土承载力小于100kPa，以及地基土为软土等不良地基时，应进行地基处理。[1]常见的集装箱建筑的基础形式主要有以下几类：架空式基础，混凝土筏板式基础，混凝土梁式基础，混凝土柱墩式基础以及其他材料类型的简易基础。[2]

5.1.1 架空式基础

架空式基础，是指在集装箱建筑下方设置钢结构或者钢筋混凝土平台，平台的受力体系为框架结构或者剪力墙结构。将集装箱搁置于平台之上，集装箱建筑下方空间可以根据需要灵活安排，比如用作大空间的停车场、仓库等（图5.1-1）。架空式基础可以有效地隔绝地面潮湿环境，也适用于场地无法找平的情况。

a 底层架空作停车库   b 底层架空作商业或仓库

图5.1-1 架空式基础

（图片来源：余未旻摄）

5.1.2 钢筋混凝土筏板式基础

当地基承载力高于60kPa或经地基处理后地基承载力高于60kPa时，单层或两层集装箱建筑宜采用钢筋混凝土筏板式基础，此类基础施工方便、受力均匀、沉降较小。筏板与箱体之间需要设置防水构造或考虑筏板的排水设施，以免因箱体锈蚀影响建筑寿命及使用（图5.1-2、图5.1-3）。

5.1.3 钢筋混凝土独立基础与条形基础

对于地质情况较差的场地，为了提高建筑物的整体性，防止不均匀沉降，可采用"独立基础+基

---

[1]《轻型模块化钢结构组合房屋技术标准》JGJ/T 466—2019.

[2] 张慧洁. 集装箱建筑设计与应用的研究 [D]. 北京：北京建筑大学，2014：88-90.

础拉梁"或直接采用柱下条形基础（图5.1-4、图5.1-5）。无论采用独立基础还是条形基础，基础均应开挖至持力层或采取必要的地基处理措施。

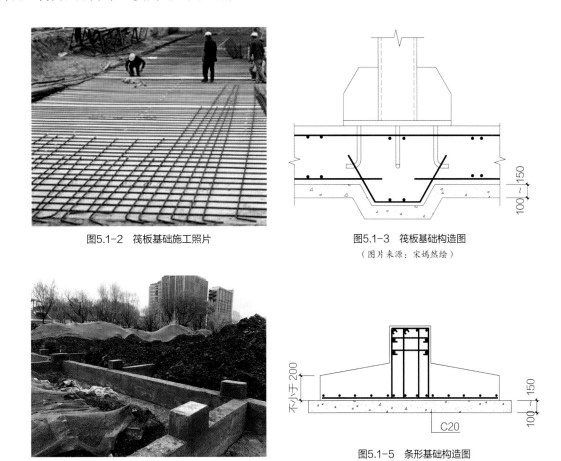

图5.1-2　筏板基础施工照片

图5.1-3　筏板基础构造图
（图片来源：宋嫣然绘）

图5.1-4　条形基础施工照片

图5.1-5　条形基础构造图
（图片来源：宋嫣然绘）

5.1.4　集装箱建筑与基础的连接

集装箱建筑需要考虑集装箱模块与基础之间的连接问题，通常在混凝土基础上设置预埋件（图5.1-6），将集装箱角件焊接在预埋钢板上，也可以在基础混凝土中预埋螺栓（图5.1-7），直接与一层集装箱模块的底角件相连。

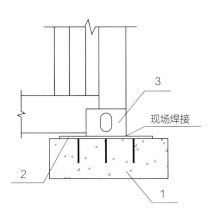

1. 混凝土基础；2. 预埋板；3. 角件

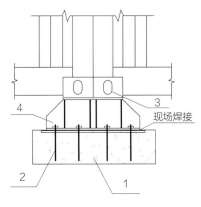

1. 基础；2. 预埋锚栓；3. 角件；4. 箱底支座

图5.1-6　角件与预埋钢板焊接图
（图片来源：根据《集装箱模块化组合房屋技术规程》CECS 334—2013，宋嫣然改绘）

图5.1-7　角件与预埋锚栓连接
（图片来源：根据《集装箱模块化组合房屋技术规程》CECS 334—2013，宋嫣然改绘）

5.2　集装箱改造及搭建的通用技术

集装箱由地基梁、顶端框架梁、端墙、角部框架柱、顶侧框架梁、屋面、侧墙、角件等构件组合而成（图5.2-1）[1]，未经改造的集装箱结构较为牢固，40ft集装箱的顶部、底部和前后侧面每平方米承载能力达1.7t，左右侧面的抗压能力每平方米可达到500kg，4个角柱的承重能力达86.4t。[2]

当不拆除侧墙板且上下对齐拼合时（类似传统的集装箱堆场），竖向荷载通过角部框架柱传递到下层集装箱角柱或基础，这种拼合方式保留了集装箱原有的结构，充分发挥了集装箱的固有优势，建造时不需要对集装箱箱体进行加固，仅需将相邻集装箱的角柱和框架梁通过缀板焊接起来，缀板的厚度不应小于4mm，间距不应大于300mm（图5.2-1）。

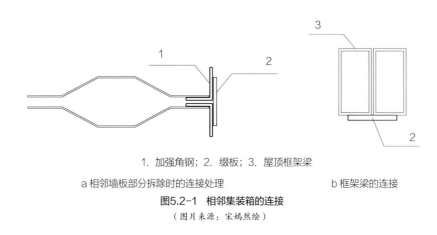

1. 加强角钢；2. 缀板；3. 屋顶框架梁

a 相邻墙板部分拆除时的连接处理　　　　　b 框架梁的连接

图5.2-1　相邻集装箱的连接

（图片来源：宋嫣然绘）

堆场堆放形式的集装箱房屋承载力高，安装方便，但造型和功能都过于简单。为实现合理多样的建筑造型要求，并满足内部空间的使用功能，拓展集装箱建筑的使用范围，需要更多的堆叠方式，集装箱的侧板会被局部或整体拆除。由于空间组合的复杂多变，上下箱体不一定对齐叠放，也就无法保证上下集装箱通过角柱传力。因此集装箱改造时，结构师需要与建筑师密切配合，确定集装箱的组合及堆叠方案，确保结构安全可靠。

本节主要从结构受力及安全性的角度出发探讨集装箱在下列情形下的改造方法：门窗洞口的加固，侧板拆除后梁柱框架的加固，阳台、露台及屋顶的构造，悬挑的实现以及集装箱如何实现大跨等。

5.2.1　门窗洞口加固

为实现建筑多样性及满足采光通风及疏散等要求，集装箱建筑需要在外墙设置适量的门窗，在切割或者拆除侧板开设门窗洞口时需要注意以下原则。

（1）箱体壁板尽量避免有过大的开洞，所有开孔部位均应补强加固。

（2）开孔不应损伤角柱并宜与角柱相连的板壁宽度不少于一个波距。

（3）相邻的门窗洞口的侧板宽度不少于一个波距，当无法保证时需要增加立柱。

---

① 刘刚，原野，侯丹，等. 集装箱建筑性能优化设计研究与实践［J］. 动感（生态城市与绿色建筑），2016，（3）：59-64.
② 王蔚，魏春雨，刘大为，彭泽. 集装箱建筑的模块化设计与低碳模式［J］. 建筑学报，2011，（S1）：130-135.

（4）门窗开洞与顶梁间的侧板宜保留200~300mm的侧板。

门窗洞口四周可采用将角钢或方管焊接于洞口边缘加固，同时兼作门窗框。为了更易于连接，同时便于室内保温层施工，减少冷桥，应优先使用角钢加固。加固角钢或者方管的尺寸需要与墙体构造层次相匹配。门窗上口需要增加滴水槽，以防雨水由门窗上侧渗入室内（图5.2-2）。

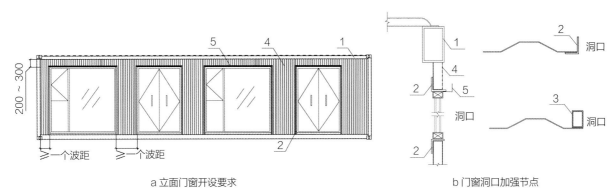

a 立面门窗开设要求

b 门窗洞口加强节点

1. 框架梁；2. 加强角钢；3. 加强方钢；4. 箱侧板；5. 滴水槽

图5.2-2 门窗洞口加固示意图

（图片来源：宋嫣然绘）

5.2.2 集装箱侧板拆除的加固

单个集装箱的宽度只有2.438m，使用空间十分局限，为扩展空间可将相邻箱体的侧板部分或整块拆除，开洞或拆除侧板后抗侧力由开洞板或直接由框架来抗侧，而且顶梁的竖向承载能力也显著下降，降低了集装箱建筑的结构安全性。

20ft的集装箱模块在完全去掉侧面板后，一般要在侧面框架内至少加1根支撑柱（图5.2-3a）或加固顶梁（图5.2-3b）；40ft的集装箱可采用钢桁架加固顶梁（图5.2-3c）或增加2根支撑柱（图5.2-3d），当净空受限时也可采用加固顶梁与增加支撑柱相结合的方式加固（图5.2-3e），当选择支撑柱加固时需要采取有效措施将新增支撑柱的荷载传递到下层集装箱或基础。

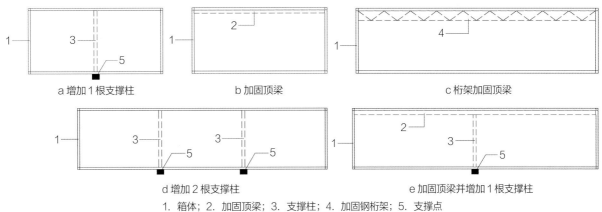

a 增加1根支撑柱   b 加固顶梁   c 桁架加固顶梁

d 增加2根支撑柱   e 加固顶梁并增加1根支撑柱

1. 箱体；2. 加固顶梁；3. 支撑柱；4. 加固钢桁架；5. 支撑点

图5.2-3 集装箱加固示意图

（图片来源：宋嫣然绘）

5.2.3 阳台与露台

阳台是集装箱建筑设计不可缺少的元素，阳台的搭建方式很多，可以通过拆除集装箱端门及部分侧板来实现（图5.2-4），也可将两扇端门平开90°，附加上结构支撑底板及围栏底板来形成（图5.2-5），底部支撑结构可以利用拆除的集装箱侧板。

图5.2-4 拆除集装箱侧板做阳台
（图片来源：余未旻摄）

图5.2-5 利用集装箱门做阳台
（图片来源：余未旻摄）

露台是集装箱房屋的外延部分，除能提供丰富的室外活动空间外，还能对下部集装箱房屋起到降噪、隔热以及防水等作用（图5.2-6）。

图5.2-6 防腐木露台案例
（图片来源：余未旻摄）

当利用箱顶板上部空间做露台时，注意箱顶板不能直接支撑露台结构，而是在箱顶增加钢龙骨或钢托盘来支撑防腐木，钢龙骨或钢托盘直接与集装箱角件或顶梁相连。钢托盘兼具结构支撑、防水、排水、降噪、隔热等功能，工厂制作托盘时需根据排水方向起坡并在低檐口处设置天沟，图5.2-7为铺设防腐木露台的构造做法。

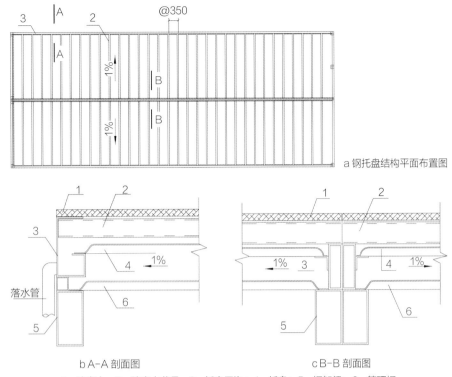

1. 防腐木；2. 防腐木龙骨；3. 托盘天沟；4. 托盘；5. 框架梁；6. 箱顶板

图5.2-7　防腐木露台构造图

（图片来源：宋嫣然绘）

5.2.4　屋顶

为改善集装箱房屋的防腐、防水及隔热性能，实现有组织排水，在设计建造集装箱房屋时可结合建筑造型增加屋顶，常用有以下几种做法。

（1）上人露台屋顶，对于规模较小的集装箱建筑，当屋顶有上人需求时，可在集装箱顶部铺设防腐木，其构造做法与5.2.3节介绍的露台类似，这种屋顶能充分利用箱顶空间，并能有效解决屋顶的排水、防水、降噪及隔热等问题，避免了集装箱顶板直接暴露，提高了集装箱的防腐性能。

（2）轻钢结构屋顶，在集装箱顶上部增加轻钢檩条，檩条上侧铺设保温棉及彩钢板，保温及隔声效果得到明显改善，轻钢屋顶可以实现屋面有组织排水，解决了集装箱建筑漏水的隐患。图5.2-8案例中屋顶不仅覆盖了所有集装，还能为阳台遮雨，提高了阳台的利用价值。图5.2-9案例中，设计师通过轻钢屋顶及侧面玻璃幕墙构造出一个大的共享空间，有完美的结构更达到了很高的设计美学。

图5.2-8　轻钢结构屋顶案例

（图片来源：余未旻摄）

图5.2-9　轻钢结构屋顶案例

（图片来源：搜狐. 神奇的集装箱建筑[EB/OL].（2018-01-22）[2024-03-15]. https://www.sohu.com/a/218178498_188910.）

（3）篷支式结构屋顶，利用钢结构支撑系统将柔性屋面（比如张拉膜）"罩"住集装箱房屋，这种屋顶将景观、挡雨、遮阳等有机地结合在一起，适用于小体量建筑，如度假别墅、公园小卖部等（图5.2-10）。

图5.2-10　篷支式结构屋顶案例

5.2.5　悬挑的实现

悬挑能减轻建筑的沉重感，为建筑在力学的承受下增添结构表现力，悬挑长度不宜超过集装箱长度的0.3倍以防止倾覆，且悬挑部分的箱体侧板不宜开洞（图5.2-11），当必须开洞时可通过增设斜拉杆或采取其他措施予以加强。悬挑集装箱设计需要进行严格的力学分析计算，并充分考虑活荷载不利分布的情况，悬挑箱要与相邻集装箱可靠连接。

图5.2-12案例中，二层集装箱一侧搁放在下层集装箱顶，另一侧支撑在钢框架上，并保留部分箱体悬挑，箱体下侧空间可用作通道或休闲。图5.2-13给出了此案例的结构解决方案，集装箱在支撑点处增设加强立柱，悬挑箱体如拆除了侧板且悬挑长度超过0.3倍箱体长度时则需要增加斜拉杆，两支撑点之间的箱体侧板应保留，当无法保留时需要对底梁进行加固处理。

图5.2-11　集装箱悬挑案例
（图片来源：佘未旻摄）

图5.2-12　集装箱悬挑案例
（图片来源：佘未旻摄）

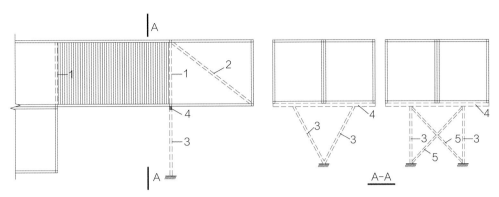

1. 加强立柱；2. 斜拉杆（可选）；3. 支撑钢柱；4. 支撑钢梁；5. 交叉支撑

图5.2-13 集装箱悬挑的结构解决方案

（图片来源：宋嫣然绘）

图5.2-14 侧面悬挑实例

（图片来源：余未旻摄）

为增加建筑的趣味性，建筑师们也尝试从侧面悬挑集装箱（图5.2-14），与长度方向不同，集装箱侧向的刚度较弱，针对此类悬挑需要专门研究并进行受力分析，比较稳妥的策略是每间隔3m左右增加悬挑钢梁以支撑集装箱，悬臂梁截面由计算确定，且应在对应位置增加钢柱及钢梁（图5.2-15）。

图5.2-16为双向悬挑集装箱的案例，双向悬挑集装箱受力较为复杂，为保证传力可靠及使用的舒适性，需在下侧增加钢托梁支撑集装箱，钢托梁截面通过计算确定，钢托梁与下层集装箱的角柱及横梁连接。图5.2-17为双向悬挑集装箱

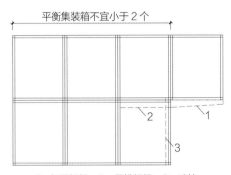

1. 加固钢梁；2. 悬挑钢梁；3. 暗柱

图5.2-15 加固方案图

（图片来源：宋嫣然绘）

图5.2-16 双向悬挑集装箱案例

（图片来源：余未旻摄）

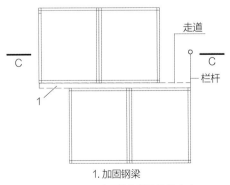

1. 加固钢梁

图5.2-17 双向悬挑集装箱结构方案

（图片来源：宋嫣然绘）

的结构方案，可供读者在做类似案例设计时参考。

5.2.6 大跨度的解决方案

图5.2-18为两种情形下大跨度集装箱的解决方案，侧板保留完整的集装箱可以直接搁置在下侧集装箱顶梁上，下侧集装箱需要在支撑点处增加支撑柱以便更有效地把上部荷载传至基础，同时需采取限位措施防止集装箱滑动坠落。当侧板被拆除或部分拆除时，可参照图5.2-18b中方法增加桁架加固，箱体的顶部及底部框架梁也需要根据计算确定是否需要加强。

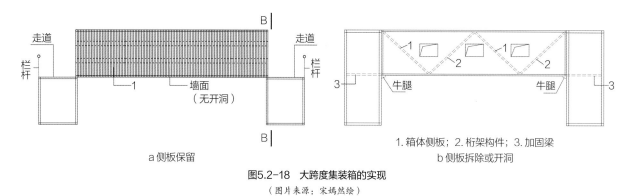

图5.2-18 大跨度集装箱的实现

（图片来源：宋嫣然绘）

图5.2-19为某一过街集装箱的实景照片，消防通道上侧为两个40ft标准集装箱，拼合处的侧板被拆除，外墙则分布了大小不同的圆窗，设计师采用钢框架来支撑整个过街箱体，框架柱则巧妙地隐藏在下侧集装箱内部。

图5.2-19 大跨度集装箱实例

5.3 多层集装箱建筑的搭建方法

对多层集装箱建筑进行设计时需要考虑两个方面的因素：集装箱模块之间的组合方式及附加支撑钢结构的布置，这将影响结构在竖向荷载作用下的稳定性；集装箱建筑的门窗布置及大小，以及为了满足内部大空间而拆除侧板的情况，这将影响结构整体的抗侧力刚度及在水平荷载作用下抗侧承载力。对这两个方面考虑不充分是发生安全隐患的主要原因，在改造设计及搭建过程中需要十分重视。

5.3.1 上下箱体平行对齐放置

集装箱上下箱体平行对齐放置是最常见的垂直拼合方式。这种拼合方式中，力的传递最为直接，有利于模块化结构特点的发挥。通过两箱体、三箱体甚至更多箱体的上下平行对齐方式，可以建造出各种以单箱体尺寸为模数的集装箱建筑物（图5.3-1）。[①]

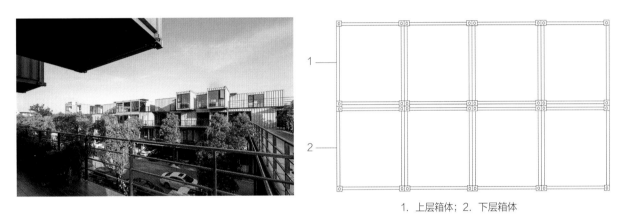

1. 上层箱体；2. 下层箱体

图5.3-1 上下箱体平行对齐放置

（图片来源：宋嫣然绘）

这种拼合方式如能保留拼接处集装箱侧板，则不需要做加固处理。当出于空间扩展需要在拼合处拆除部分或者全部侧板时，需按照5.2.2节所介绍的方法进行加固处理，多层集装箱的加固支撑柱应保证上下贯通，逐层将上部集装箱的荷载传至基础，切勿直接将上层支撑柱的荷载传至下层集装箱的顶部框架梁。当下部集装箱无法设置支撑柱时，需要加固下部集装箱的顶梁。为保证传力可靠，上层集装箱底梁与下层集装箱顶梁之间需在支撑柱位置设置钢垫块。上下箱体平行对齐放置的方式如图5.3-2所示。

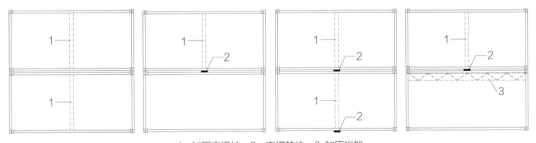

1. 加固支撑柱；2. 支撑垫块；3.加固桁架

图5.3-2 多层集装箱新加支撑柱的力的传递

（图片来源：宋嫣然绘）

---

① 张慧洁. 集装箱建筑设计与应用的研究［D］. 北京：北京建筑大学，2014：58-60.

5.3.2　上下箱体平行错开放置

与上下箱体平行对齐放置不同的是，平行错开放置时箱体角柱无法对位，角柱的集中力作用于下层箱体的顶部框架梁上，这时在相应的位置应该加设竖向支撑柱，根据上下集装箱错位尺寸的不同采用不同的解决方案（图5.3-3）[①]，当无法增加支撑柱时需要对顶梁进行加固，加固方法可参阅5.2.2节。

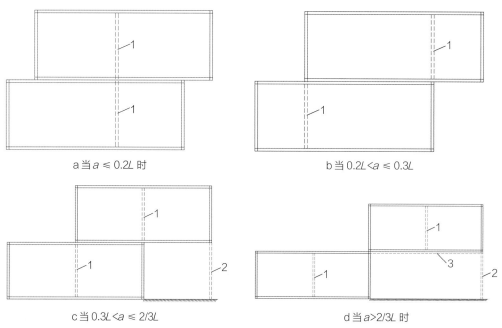

a 当 $a \leq 0.2L$ 时　　　　　　　　　　b 当 $0.2L < a \leq 0.3L$ 时

c 当 $0.3L < a \leq 2/3L$ 　　　　　　　　d 当 $a > 2/3L$ 时

1. 支撑柱；2. 支撑框架柱；3. 支撑框架梁

图5.3-3　上下箱体平行错开放置

（图片来源：宋嫣然绘）

5.3.3　上下箱体十字交错放置

采用上下箱体十字交错放置时，如上层集装箱对称放置在下层集装箱上方，只要在上下集装箱模块的长梁相交处增加支撑柱即可，当上层集装箱一侧悬挑长度超过集装箱长度0.3倍时，需要在外悬部分的角柱下加支撑柱（图5.3-4）。[②]

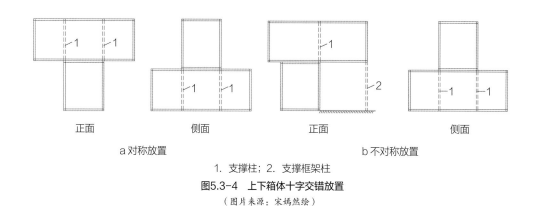

正面　　　　　　侧面　　　　　　　正面　　　　　　侧面

a 对称放置　　　　　　　　　　　b 不对称放置

1. 支撑柱；2. 支撑框架柱

图5.3-4　上下箱体十字交错放置

（图片来源：宋嫣然绘）

① 查晓雄，王璐璐，钟善桐. 构建多层集装箱改造房的方法及确保其安全性实用公式推导［J］. 建筑结构，2010，（6）：462-465.
② 查晓雄，王璐璐，钟善桐. 构建多层集装箱改造房的方法及确保其安全性实用公式推导［J］. 建筑结构，2010，（6）：462-465.

5.3.4　上下箱体呈斜角放置

上下箱体成斜角放置是一种较为少见的组合方式，斜放无法满足箱体模块化组合的模数关系，拼接时注意在斜放集装箱与水平放置集装箱交接处增加支撑柱，要避免集装箱角柱的荷载传递给下部集装箱顶板（图5.3-5）。

图5.3-5　上下箱体呈斜角放置案例

（图片来源：余未旻摄）

5.3.5　箱体的竖向放置

箱体竖向放置应用场合并不多见，一般用于建筑造型或建筑景观，也可用作垂直交通（图5.3-6）。当单个箱体竖放时，基础及预埋件的设计尤为重要，需要考虑竖向箱体在风荷载作用下的倾覆，预埋件或锚栓要进行抗拉验算。当竖向箱体周围有水平放置的集装箱时，将竖向箱体与水平箱体可靠连接可大大提高竖向箱体的抗倾覆能力。

图5.3-6　箱体的竖向放置案例

（图片来源：余未旻摄）

5.4 集装箱建筑的绿色技术体系

绿色建筑概念起源于20世纪80年代，它是指可为人类提供一个健康舒适的活动空间，同时更高效地利用能源、更低限度地影响环境的建筑物。绿色设计就是在设计过程中考虑产品对自然资源及周围环境的影响，将可拆除性、可回收性、可重复利用性等要素融入产品设计各个环节中去，在满足环境要求的同时，保证满足产品应有功能、使用寿命、质量等要求，二次利用、循环回收、节约资源是绿色设计的三要素。

二手集装箱是天然的绿色建筑材料，利用二手集装箱改造的建筑不仅能够缩短工期，节约成本，还可循环再利用，对环境影响小，但集装箱箱体为金属材料，导热系数大，无法满足使用者对外围护结构热工性能的要求。因此，设计师及建造者要将隔热、保温、遮阳、新能源利用等新材料新技术充分应用到集装箱建筑的改造中，从而为使用者提供一个环保、节能、安全、健康、方便、舒适的生活工作空间[①]，本节主要总结集装箱房屋改造的实践经验，介绍节能设计及绿色设计策略。

5.4.1 集装箱的外墙保温设计

外墙保温可以减少建筑外围护结构的能量交换，节省运行时的能源消耗，集装箱建筑的外墙保温可采用外保温及内保温，实践中较多采用内保温。常用的内保温有龙骨内保温、聚氨酯发泡内保温以及夹芯板内保温系统。

龙骨内保温系统是配合结构保温层和内墙装饰板（如石膏板、纤维水泥板、硅酸钙板、氧化镁板等）采取的一种内保温方式，龙骨有木制及轻钢龙骨两种，保温层一般采用岩棉或玻璃丝绵。这种保温系统便于管线安装，也方便未来重新装修（图5.4-1）。[②]

图5.4-1 轻钢龙骨内保温

聚氨酯发泡内保温系统是在工厂或者现场采用聚氨酯模压注射发泡技术对集装箱的顶、侧、底进行喷涂，最后用内饰面层进行室内装修，此种保温系统能避免冷桥热桥的产生。

夹心保温围护系统采用夹芯板材作为内保温材料，夹芯板材常用的芯材有岩棉、聚氨酯、挤塑聚苯乙烯、玻璃棉等，面层材料主要有彩涂板、硅酸钙面层以及薄石材等。夹芯板材具有规模化生产、现场安装方便、噪声小、施工工期短等特点，还能免除内部装修的步骤，降低了建筑成本。

可用于集装箱的常用保温材料的性能及优缺点对比见表5.4-1，可供选用时参考。

常用保温材料性能及优缺点对比表（来源：根据相关资料绘制）　　　　　　表5.4-1

材料名称	表观容重（kg/m²）	导热系数[W/(m·K)]	燃烧性能	关键优缺点
膨胀聚苯乙烯泡沫（EPS）	18~22	≤0.041	B1、B2	优点：吸水率低 缺点：强度低

① 王伟男. 当代集装箱装配式建筑设计策略研究［D］. 广州：华南理工大学，2011：45-50.
② 刘尧元. 集装箱建筑的设计与应用研究［D］. 青岛：青岛理工大学，2017：68-72.

材料名称	表观容重 （kg/m²）	导热系数 [W/(m·K)]	燃烧性能	关键优缺点
挤塑聚苯乙烯泡沫板 （XPS）	≥25	≤0.030	B1、B2	优点：价格低 缺点：导热系数偏高
硬质聚氨酯泡沫（PU）	35~65	≤0.025	B1、B2	优点：导热系数低，强度高，吸水率低，可以采用现场发泡注射，能最大限度地减少冷桥的出现，保温效果良好 缺点：燃烧释放剧毒气体
酚醛树脂泡沫（PF）	50~80	≤0.025	B1	优点：导热系数低，强度高，吸水率低 缺点：燃烧释放剧毒气体
矿棉、岩棉板	80~200	≤0.045	A	优点：难燃 缺点：易吸水，强度低
玻璃棉毡	≥16	≤0.050	A	优点：施工方便 缺点：强度低，保温及隔声性能差

　　外墙保温是集装箱节能设计最关键的环节，在设计时要兼顾内装设计及防火要求，力求保温隔热材料和内装饰材料的一体化施工，实现内装修过程的标准化、工业化，提高内装修的劳动生产率，要采用热导系数小的高效保温隔热材料，减少保温层的厚度，提高室内使用面积。

5.4.2　其他隔热技术应用

　　除采用外墙内保温隔热技术外，在集装箱房屋设计及建造过程中还可以结合集装箱建筑的特点，综合采取以下技术措施，实现良好的节能效果。

　　（1）屋顶、底层架空以及悬挑集装箱的底板等直接暴露在外的结构，均需做保温隔热处理。对于底层架空或悬挑集装箱的底板要结合内部装构造选取合适的保温材料，并做好防潮处理。

　　（2）利用集装箱建筑的凹凸关系解决遮阳问题，减少与外界接触面，减少阳光直射面，防止眩光（图5.4-2）。通过增加休息走廊、露台、悬挑等建筑元素，再加上合理的门窗设置充分实现人工照明和自然采光相平衡，将自然通风和机械通风相结合，从而创造一种清新自然的工作环境，建筑内部环境的改变从一定程度上减少现代人的工作压力。

图5.4-2　利用建筑凸凹遮阳

（图片来源：余未旻摄）

（3）集装箱上下组合时，下层集装箱顶板处需要设置岩棉保温，这可以提高集装箱的保温及防火性能，箱顶岩棉的固定可采用自粘结保温钉固定在顶板上（图5.4-3）。

（4）对集装箱拼合处的缝隙进行封堵（图5.4-4），形成的密闭空气层可起到保温及隔热的作用，同时还可防止雨水浸入，提高集装箱建筑的防水性能。

图5.4-3　集装箱顶部保温

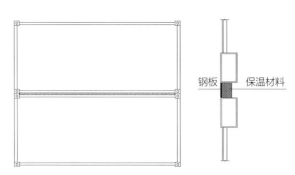

钢板　保温材料

图5.4-4　集装箱缝隙的封堵
（图片来源：宋嫣然绘）

5.4.3　可再生能源——太阳能利用

结合集装箱建筑移动性及体量小的特点，利用太阳能进行光发电、供热水、供暖、制冷空调、通风降温以及可控自然采光等高新技术可以很好地应用在集装箱设计中，太阳能收集器设置在屋顶，也使建筑表皮材料免受雨水、大风和太阳的侵蚀。

图5.4-5为宝武集团援藏项目"藏式箱体模块化移动房屋"，为改善原牧民居住条件（原居住棉帐篷），结合西藏民族特点以及牧民生活习俗，为应对边远地区缺少电力供应问题设计集成了太阳能供电系统，可满足牧民夜间照明及热水供应等基本生活需求。

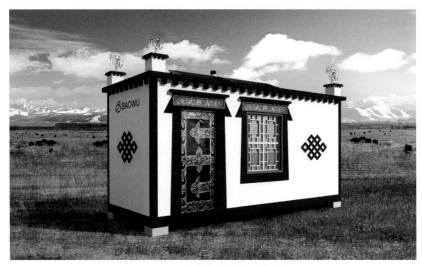

图5.4-5　藏式箱体模块化移动房屋

5.4.4 集装箱的防水及排水设计

集装箱建筑的防水需结合排水一起设计，防排结合，同时也应与防腐一起设计。集装箱防水的重点在箱体拼接处，可采用与集装箱油漆相适应的防水涂料处理，或者在集装箱屋顶整体铺设防水卷材确保防水性能。

防水涂料或防水卷材的施工应选择天气炎热且连续晴天后施工，完工后应做蓄水实验。涂料防水施工应首先清理干净顶板，满刷一遍涂料，干燥成膜后，铺设一层玻纤布胎体增强材料，并在已展平的表面上满刷一层涂料固定，干燥后再进行下一遍屋顶防水施工。防水卷材施工时，应清理干净箱顶后，在卷材反面和基层刷粘结胶，按弹好的基准线由远而近地粘贴、辊压，最后做接缝收头检查处理。

为确保阳台或露台的双重防水性能及有组织排水，可采用5.2.3节介绍的托盘结构，此处不再详细介绍。为实现屋顶结构的双重防水性能及有组织排水，可采用5.2.4节介绍的轻钢屋顶结构。

5.5 环境安全系统

5.5.1 集装箱的防火

集装箱建筑的防火与消防设计应符合现行国家标准《建筑设计防火规范》GB 50016的规定，应注明建筑危险性类别、防火分类、防火分区、耐火等级，构件的设计耐火极限，所需的防火保护措施及其防火保护材料的性能要求。

集装箱房屋由钢梁柱、波纹钢板以及连接件装配而成，未经处理的集装箱抗火性能极差，一旦发生火灾结构将迅速破坏，其防火设计必须引起重视。波纹钢板作为箱体承重构件的一部分，受高温破坏会削弱集装箱的部分承载力，若考虑波纹板的防火设计，将会大大增加集装箱房屋的防火成本。采用传统的设计方法进行防火设计，可能会不安全或者过于保守造成资源浪费。可以按照现行国家标准《建筑钢结构防火技术规范》GB 51249，通过明确结构抗火设计的目标及相关指标，分析具体建筑结构在实际火灾条件下的温度场条件，进行性能化设计，平衡好安全性与经济性。

青岛理工大学郑素对6层集装箱房屋的防火性能作了专门研究，当底层发生火灾时，梁柱加以防火保护而侧板不做防火保护时，标准升温曲线下的集装箱耐火极限约为42分钟，实际火灾升温曲线下耐火极限可达1小时以上。因此他得出结论，集装箱房屋采用性能化防火设计时，可采用设置梁柱防火保护、不设置侧板与端板防火保护的方案。[1]

集装箱梁柱的防火可以采用防火涂料进行防火保护，也可以采用防火板材对所需保护部位进行包覆。当选用防火涂料进行保护时，需要根据构件的耐火极限等要求确定防火涂层的形式、性能及厚度，当选用防火板时应根据构件形状和所处的部位，并结合内装设计进行包覆构造设计，要考虑防火板安装的牢固与稳定。

---

[1] 郑素. 集装箱围护墙板保温隔热及防火性能研究［D］. 青岛：青岛理工大学，2018：68-70.

5.5.2 集装箱的防雷设计

防雷接地应与交流工作接地、安全保护接地等共用钢结构作为自然接地体，应按一定布置将基础预埋件与基础主筋焊接，达不到接地电阻值时应从集装箱箱体另外引出接地极（图5.5-1）。

可利用基础内主钢筋（当主钢筋≥ϕ16采用两根，主钢筋<ϕ16时采用四根）作接地极，凡主钢筋开断处采用两根扁钢-40×4（无混凝土覆盖时用热镀锌扁钢）可靠连通。防雷与保护接地共用接地体，接地电阻要求不大于1Ω（图5.5-2）。

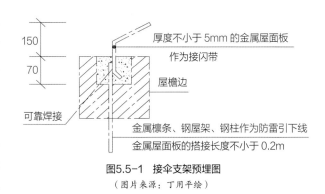

图5.5-1　接伞支架预埋图
（图片来源：丁用平绘）

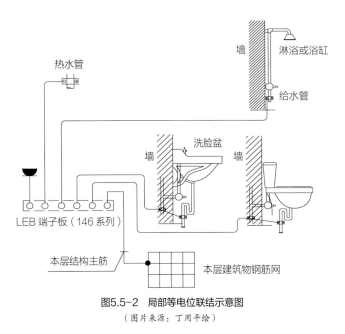

图5.5-2　局部等电位联结示意图
（图片来源：丁用平绘）

进出建筑物的各种金属管道及构件，在进入建筑物处用-40×4热镀锌扁钢就近与接地装置焊通作总等电位联结。

5.5.3 集装箱的防腐设计

集装箱箱体表面应有完整的涂层防护，既有集装箱表面涂层有损伤时应进行局部整修，箱体表面局部整修和新构件的除锈涂装，其除锈等级不应低于Sa2.5或St3级，涂层宜选用富锌底漆配套的复合涂层。当集装箱组合房屋部分使用新制箱时，其涂装应符合现行行业标准《建筑钢结构防腐蚀技术规程》JGJ/T 251的规定，现场焊接部位应仔细清除焊渣和污垢后重新进行涂装。基础连接节点采用预埋件时，应采用C20的素混凝土进行包裹，包裹高度不低于地面以上150mm。

总之，集装箱建筑应充分发挥其模块化的先天优势，不断完善并达到各个部件由内而外的一体化设计，实现集装箱建筑的标准化、一体化、工业化，并通过对建筑功能、空间的优化整合，以及各项适宜建筑技术的筛选与运用，实现建筑性能与品质的整体提升。[1]

---

[1] 刘刚，原野，侯丹，等. 集装箱建筑性能优化设计研究与实践［J］. 动感（生态城市与绿色建筑），2016，（3）：59-64.

第 6 章

集装箱公共艺术的价值
体现与艺术表征

集装箱作为工业外贸运输与仓储的空间，在城市存量更新的发展趋势下将发挥更大价值。从集装箱装置在城市公共艺术创作中的价值体现入手，通过国内外集装箱公共艺术的优秀案例，探讨其在城市文化景观塑造过程中的艺术表征，为未来集装箱艺术装置的创作提供新的思路。

6.1　城市公共艺术与城市文化景观

　　城市是人们共同居住生活的公共环境，是公共艺术中"公共性"体现的领域，是将大众与艺术、文化、社会相结合的场所。城市公共艺术一方面纵向传承城市的历史文脉，另一方面横向延展城市未来发展的方向，是彰显城市文化特征的景观载体。城市公共艺术不仅是城市空间环境的美化行为，更多的是激发城市社会交往与生活行为的装置艺术。它既能满足城市公共空间中物质形态的优化，也能满足大众精神需求与文化价值的提升，在大众日常生活中发挥着价值引导作用，成为城市文化景观的意象。[①]

　　城市文化景观是构成城市形态和城市风貌特色的重要内容，也是使城市的地域性得以存在与发展的重要特征与形象要素。随着人们对现代城市公共艺术与景观审美需求的日益提升，人们在关注城市公共艺术美学价值的同时，更关注公共艺术对城市文化的挖掘、传承与表达。城市文化景观具有更宽泛的内涵，是指城市中由地形、植物、构筑物、绿化、公共艺术所组成的各种物理形态构成，是通过人的感知及思维获得的感知空间，它的内涵将城市公共艺术也纳入其中。不同于城市景观设计侧重于城市空间形态的美化问题，城市文化景观更强调美学特征、心理感应与人与环境的互动，与城市公共艺术激发公众参与性行为的目标一致。城市文化景观是包含着一个地域自然、社会、文化与人文等多因素作用的结果，可理解为是城市历史发展中积淀而逐步形成的一种艺术美。将城市公共艺术纳入城市文化景观的多因素考量中，将为城市公共艺术创作开辟更广阔的创作维度。[②]

6.2　集装箱在城市公共艺术中的价值体现

　　随着城市产业结构不断升级以及城市发展进入存量更新阶段，城市中的众多工业遗存面临着"拆"与"留"的问题。集装箱作为工业外贸运输与仓储的空间，在经济全球化阶段推动了世界范围运输行业的发展。我国是集装箱使用数量最多的国家，集装箱作为工业时代下的产物，其功能主要是用于以工业化生产与运输的城市或港口城市的物流运输。其模块化的规整形体使其成为城市地域特征的形象载体。集装箱作为大众熟悉的造型符号与元素，在公共艺术创作实践中有助于城市叙事的需求，体现公共艺术公众化、平民化的价值特征。

6.2.1　后工业风的艺术表达——集装箱公共艺术的特征所在

　　集装箱的外形呈现工业风尚，其外表皮采用金属材质和凹凸肌理，赋予其具有张力的外部形象；集装箱光滑的表面易于维护，并可附着多样的表面材质进行公共艺术的再创作；集装箱立面凹凸的波浪形金属表皮，传递出浓郁的工业风，干净简洁，富有现代感。其表皮材料也可与木材等多种材质搭配，自然温暖与工业冷峻相结合，在满足一定保温性能的同时彰显地域的场所特征。仅需要对集装箱

---

① 鲁虹. 空间就是权力——关于公共艺术的思考. 公共艺术在中国 [C]. 香港：香港心源美术出版社，2004：89.
② 魏秦，纪文渊. 集装箱建筑的院落空间模式研究 [J]. 设计，2020，（1）：97-98.

箱体进行不同程度和内容的改造之后便可以适应不同的使用需求。①集装箱表皮具有金属延展性等物理性能，隐喻了工业化时代的生产方式，对其进行切割、折叠、弯曲和焊接等，可为公共艺术塑造提供多变的可能。

色彩表达在城市文化景观中至关重要，既可表达文化景观的氛围特征，又可在城市色彩的塑造中发挥重要作用。集装箱表面的防锈漆大多为单一的颜色，通过纯色的不同组合可强化景观的视觉冲击感，还可用涂鸦建筑表皮的方式，呈现城市公共场所独特的文化氛围。集装箱公共艺术呈现出丰富多变的、具有视觉标识的公共艺术效果，使公共艺术作品成为大众日常生活中文化符号的载体。

6.2.2　集装箱装置——城市更新驱动下的公共艺术类型

一个标准尺寸的集装箱使用寿命在10～15年，装载过危险用品的集装箱无法被重复利用，并且集装箱回炉炼钢也因为运输和耗能过多而无法实现，因而导致大量废弃集装箱堆砌闲置。②集装箱作为见证工业时代的遗存，承载着工业时代的物质与文化价值，为城市公共艺术创作提供了丰富的创作资源，如何消除后工业时代下的人们对其固有的落后过剩的印象，利用工业遗存重构精致多样的人性化城市公共空间，是值得我们思考的。同时，集装箱模块化的形态，可拆可合、可叠可架，弹性多变的单元组织方式，恰恰契合了城市更新趋势下新兴创新、创智型经济对于商业与创客空间多义、可变、共享的空间理念，成为融入城市肌理、激发城市活力的触媒。

6.2.3　快速建造与移动应变——城市公共艺术的大众需求

集装箱的天然体量特征与大众不断变化的需求，以及公共艺术设计对轻便性、可移动性的较高要求恰好契合。在城市公共艺术创作中，集装箱多表现为建筑物形态，如休息亭、桥梁或构筑物等。但是随着城市公共空间的建设需要，快速拆除与搭建，可移动与灵活多变的构件对城市文化景观创造具有很大的适应性优势。通过分析集装箱的组合方式和装配方法，按照大众审美与城市特征进行多样化的组合，创造出丰富多样的文化景观，可适应不同的公共环境与社会行为，为城市生活带来多元化的感官体验与互动感受。

6.2.4　集装箱多元组合——城市文化景观的特征呈现

集装箱的空间与审美价值还可以在彰显城市文化特征中得以充分呈现。首先，其外表皮可敞可闭，也可根据需要开设洞口，以利于室内通风和光照需要；其次，对外立面的块面切割，创造大面积的留白部分，或开设非规则的洞口，在阳光与灯光配合下，营造轻巧通透的形象；再次，强烈的体块感可以创造交叠组合的多种变化。③面对城市公共艺术的新趋势，具有可组合性、可变性等特点的集装箱的发展将大有可为。集装箱的多样化组合，可通过标准化的模块进行非标准化的设计，根据场所精神与地域特征，创造多种空间可能性，实现文化景观的创新性实践。

6.2.5　集装箱建造——绿色低碳的建构方式

集装箱建造不需要深挖基础，降低了挖掘地面对城市下垫面的生态负效应；在建造过程中，

---

① 董君，崔海苹. 新型绿色集装箱建筑的设计艺术［J］. 工业建筑，2016，（4）：169-171.
② 江前佰，杨毅. 浅析集装箱建筑的起源和发展［J］. 城市建筑，2019，（36）：76-78.
③ 潘悦亭. 集装箱景观建筑的组合与造型设计方法［J］. 城市建筑，2019，（2）：79-80.

构配件生产与运输对环境负作用较小。而且主要建造材料是废旧集装箱再利用，建造过程便捷，节省人力物力，具有很高的经济性。为满足城市建设需要对公共艺术装置进行移动与改变时，集装箱还能随时改变组合形态和原有功能，移至他地且实现二次利用，这都体现了绿色低碳的设计观念。

6.3　集装箱公共艺术在城市文化景观的艺术表征

集装箱公共艺术作为城市文化景观的构成元素，对凸显城市文化特征，展现城市文化景观的新风尚，具有举足轻重的作用，与数字媒体技术的结合也重塑了后工业时代集装箱公共艺术新的城市文化符号。

6.3.1　凸显物流功能的艺术装置

2016年，巴黎大皇宫装置艺术展中展出了大艺术装置《帝国》，作品总重量近1000t，由305个集装箱组成8座"岛屿"。集装箱作为码头与港口的运输工具与贸易产物，集装箱形态的堆叠显示着全球化时代强大的贸易力量。盘旋在集装箱之间的是一条长达254m的"铝蛇"，在"巴黎大皇宫"的钢结构玻璃穹顶下蜿蜒曲折，象征权力与统治的拿破仑双角帽架设在集装箱装置中央，蛇身的扭动姿态、集装箱和穹顶的线条相互对抗呼应，给置身其中的观众以强大的震撼力和无尽的遐想（图6.3-1，图6.3-2）。

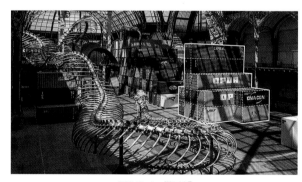 

图6.3-1　"铝蛇"　　　　　　　　　　　　　　　图6.3-2　中央空间的帽子

（底图来源：LVMH.Monumenta: creation by Huang Yong Ping[EB/OL].（2016-06-08）[2024-05-01]. https://www.lvmh.com/news-documents/news/monumenta-creation-by-huang-yong-ping.）

櫻桃街码头项目是对美国费城特拉华河上5.5万sq.ft码头结构的适应性再利用。集装箱的置入活化了河滨区域的码头空间。集装箱轻盈的结构与整体形态，使它们能够架设于嵌入桥墩底部长达20ft的桥梁之间。平台区域设置大型艺术、娱乐和活动装置，为当地艺术家提供了低成本的工作室和画廊空间，增加了游客与艺术家的互动机会，同时向游客展示艺术创作的过程。位于桥梁尽端的花园，常常会有一些偶发性市民娱乐和社交聚会，大众可以在此尽情欣赏大桥、河流和天空的自然壮丽景观（图6.3-3）。

"哇，新威斯敏斯特"（WOW New Westminster）位于加拿大温哥华市新西敏码头公园，出自巴西艺术家雷森德之手,是温哥华双年展的参展作品。该集装箱艺术装置由四个40ft的集装箱组合而成,装置长140ft、高40ft,通过钢索连接以保持平衡,被放置在码头公园的水边,与码头广场和桥梁融为一体。政府希望通过作品引发公众对历史悠久的航运、工业化及物流枢纽地位的记忆与思考,也使码头由交通枢纽逐渐转变为市民休闲活动的公共场所(图6.3-4)。

图6.3-3　集装箱车库改造的工作室和画廊

(底图来源:搜狐. 案例|集装箱码头集市_上海集装客[EB/OL].(2023-09-05)[2024-05-01]. https://news.sohu.com/a/717868358_120076235.)

图6.3-4　装置近景

(底图来源:箱房网. 老外用4个超大的集装箱玩出新花样,还蛮有艺术感[EB/OL].(2022-06-01)[2024-05-02]. http://www.cnxfw.com/news/show-2053.html.)

6.3.2　彰显城市文化特征的艺术载体

1.“大块头”航运艺术空间

瑞士工作室Bureau A在日内瓦的独立艺术空间双年展中,设计建造了大型艺术装置“BIG”。“BIG”是由48个蓝色集装箱堆叠而成,该装置沿用著名的英格兰巨石阵造型,利用集装箱重构了当代圆形的集会空间,为公众提供了音乐会、集市、集会演出等场所。封闭的集装箱打开后可作为上述活动的配套空间,如观众坐席、储物、展览等(图6.3-5~图6.3-7)。装置以低成本的材料塑造历史上经典的形态,产生新旧时代的碰撞感,并彰显城市的文化审美特征。

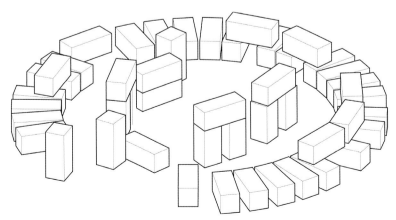

图6.3-5　大块头装置空间模式图

(图片来源:宋嫣然绘制)

图6.3-6　举办音乐会

（底图来源：集装箱之家."大块头"航运集装箱艺术空间-瑞士·日
内瓦·独立艺术空间双年展[EB/OL].（2018-06-07）[2024-05-04].
http://www.mycontainers.cn/article-356-1.html.）

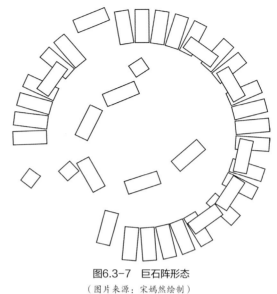

图6.3-7　巨石阵形态

（图片来源：宋嫣然绘制）

2. 高雄货柜艺术节装置

随着历史变迁，中国台湾高雄逐渐从海港工业城转变为兼具文化与历史的海港之都，"高雄货柜艺术节"通过提取城市文化元素——集装箱，塑造着高雄的城市文化符号。2017年艺术节的主题为"银闪闪乐园"，由ML Architect设计团队创作并在雄港边驳二艺术特区展出。这是一场面向不同年龄段关于时间与智慧主题的展览。集装箱装置以对抗重力、互成夹角的姿态，隐喻时间与生命的印记，利用水平与垂直呈角度放置的集装箱隐喻生命的角度。根据年龄阶段分为五大分区，由"塑造空间—引领心境—制造情绪—隐喻生命"四个情感层次的展览动线串联起来，让大众通过艺术体验感知不同年龄阶段的行为特征与学习体验，旨在通过艺术的方式让人们思考生命的旅程和转变，呼吁人们关注人类的生命周期和价值，从而更深入地理解人生的意义（图6.3-8、图6.3-9、表6.3-1）。

图6.3-8　"银闪闪乐园"主体艺术节

（底图来源：ArchDaily. 高雄货柜艺术节装置，在集装箱中穿越人生五大阶段
/ML Architect[EB/OL].（2018-04-29）[2024-05-05].　https://www.archdaily.cn/
cn/893403.）

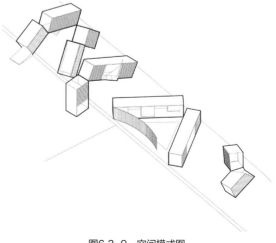

图6.3-9　空间模式图

（图片来源：宋嫣然绘制）

不同年龄阶段的行为特征与学习体验（来源：根据相关资料整理）　　　表6.3-1

年龄/行为	行为特征	艺术体验	场景
幼年/平衡	刚学会站立，行动不稳	在体验中学习获得平衡，设计中加入了游戏网、滑梯等元素，带体验者回到最初阶段	
童年/窥视	对未知充满好奇	利用空间提供窥视，体现童年阶段光影、色彩的变化，增加童趣	
青年/活动	引导学习认知与创新能力，开始接触了解人群与社会	着重于休闲娱乐和展览活动的空间组织	
壮年/远眺	达到身体与事业的高峰	倾斜放置集装箱，上部设置瞭望台，暗喻达到高峰期，视线达到制高点；另一组斜置的集装箱为独处空间，在相对隔绝的一方天地里沉寂自省	
老年/凝望	注重心灵层面，沉稳而深邃	通过集装箱的切割弯折，从开头向外看去，创造凝望的姿态	

3．中国香港骏业街公园展览馆

骏业街公园位于中国香港九龙，是观塘地区城市公共空间的重要节点。结合城市发展与公园的整体改造目标，公园将四个集装箱改造成开放式的序列展览馆，不但促进了大众对东九龙工业文化与街区传统文化的场所认知，也激活了东九龙的社区公共活动，成为周围居民及写字楼办公者日常休闲的热门场所。

展览馆以"导言—回顾—展望—开创"四个序列为展览主题，分别对应"经过—游走—仰望—凝视"四个空间原型而引入，旨在浓缩展现东九龙的工业历史与未来发展。设计师考虑内部展板的展示模式和对外呈现方式，将之与观众行为一体化，利用集装箱表皮的四种开启方式：推、滑、旋转与提升，串联起集装箱景观装置的室内与室外空间，以增强展览方式与观众间的互动，并探索以不同类型的空间衔接与过渡方式，唤醒人们对于工业时代的集体记忆（图6.3-10、图6.3-11）。

图6.3-10 骏业街公园展览馆

图6.3-11 展览馆室内外过渡空间

（底图来源：新浪看点. 助力文化艺术传播的集装箱公园展亭[EB/OL]. (2023-07-02) [2024-05-07]. https://k.sina.com.cn/article_5037357324_12c3ff90 c00101781z.html. ）

此外，典型案例还有在高雄货柜艺术节展出的"我们都住在黄色潜水艇"和位于台北的由隈研吾设计的新陈代谢展馆，见表6.3-2。

其他集装箱艺术空间案例（来源：根据相关资料整理）　　　　表6.3-2

名称	我们都住在黄色潜水艇	中国台湾新陈代谢展馆
类型	艺术装置	展馆，售票亭
位置	高雄港区	台北市中山区路口
集装箱数量	由9个标准集装箱组成，占地面积为180m^{2}左右	由一至两个集装箱拼接而成，约12m^2
建筑形态	模拟水下潜艇形状，外部采用金属镶板装饰。内部结构由集装箱通过切割和拼装方式形成	单层集装箱结构，四周设有玻璃窗
特点	融合艺术与建筑，创新的展览方式，吸引大量观众参观	模块化，可移动，环保，轻量化
设计师	安迪·戴维森	隈研吾
功能	艺术展览活动	用作售票亭，展示新陈代谢建筑风格
图示		

6.3.3　城市文化景观的靓丽风景线

1. 韩国海域（Oceanscope）观景台

位于韩国港口城市仁川市的松岛新城的观景台，是由韩国AnL建筑事务所设计，旨在回收再利用废弃的集装箱，并激活港口城市沿岸的历史文脉与场所记忆，与海岸景观融为一体。

观景台由5个集装箱组成，其中3个作为观景平台，另外2个作为临时展览空间（图6.3-12、图6.3-13）。由于基地的水平面过低，无法直接观赏美丽海景，设计师将三个集装箱观景台分别倾斜10°、30°和50°放置，并面向不同的景观方向。市民可从不同的观景台拾级而上，从不同角度全景欣赏大海、新仁川大桥和日落的美景（图6.3-14）。

图6.3-12　观景台远景

（底图来源：集装箱之家. 韩国，观海台Oceanscope（海景）[EB/OL].（2016-04-09）[2024-05-07]. http://mycontainers.cn/thread-50-1-1.html.）

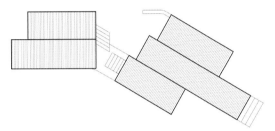

图6.3-13　观景台空间模式图1

（图片来源：宋嫣然绘制）

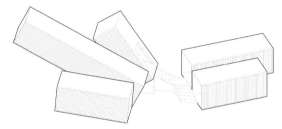

图6.3-14　观景台空间模式图2

（图片来源：宋嫣然绘制）

2. 哥本哈根集装箱瞭望塔

位于哥本哈根南部港口的瞭望塔，是由三个水平交错堆叠的20ft集装箱和一个垂直放置的40ft集装箱组合而成，外白内绿的颜色搭配使瞭望塔成为港口一道风景线。

瞭望塔每层的集装箱两端都安装了落地玻璃窗，将阳光纳入室内，也便于观光者欣赏港口的景色。塔底层设置了钢制楼梯通往上层，并连通环绕瞭望塔的室外楼梯，竖直的集装箱内还安装有电梯，观光者可以通过不同的方式攀登瞭望塔一览港口美景（图6.3-15、图6.3-16）。

图6.3-15　集装箱瞭望塔外观

（底图来源：帝斯建筑. 集装箱瞭望塔｜登高眺远，港口美景尽在眼下[EB/OL].（2020-08-14）[2024-05-07]. http://www.staxbond.com/news-1976-2099-4988-2.html.）

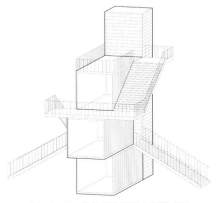

图6.3-16　集装箱瞭望塔空间模式图

（图片来源：宋嫣然绘制）

3．荷兰霍恩河集装箱桥

荷兰霍恩河集装箱桥由荷兰艺术家卢茨·德勒于1900年设计，横跨荷兰霍恩市的河流两侧。桥是由两个6m的红色集装箱呈一定夹角对接在一起构成桥的主体，两侧通过楔形基础支撑底面。桥身形式简洁纯粹，色彩鲜艳，除了满足桥上行人桥下通船外，也开拓了人们对于集装箱景观改造的新思维（图6.3-17）。

图6.3-17　荷兰霍恩河集装箱桥

（底图来源：集装箱之家. 杜塞尔多夫集装箱建筑展[EB/OL]. （2018–07–21）[2024–05–08]. http://www.mycontainers.cn/thread–1846–1–1.html.）

6.3.4　与数字媒体结合的新型艺术装置

集装箱装置规则的形体尺寸、多变的表皮界面，在城市文化景观的塑造中拓展出新的天地。但是随着大数据与云时代的到来，如何发挥集装箱的优势，增强集装箱的空间感，利用集装箱有限的空间范围，营造出具有特定气氛与感应式的空间环境，为集装箱公共艺术创作开拓了新视野。人对空间的感知主要通过视觉、听觉、触觉实现，而数字媒体的虚拟性提供了无限可能的发展空间，它可以调动多种感觉，看到想象的，听到虚无的，触到构想的……

随着数字媒体技术的不断革新，集装箱与数字媒体的有机结合，是拓展装箱建筑多元化利用的突破点。首先，集装箱规整的立面表皮犹如一块巨大荧屏，且具有灵活、牢固、价廉、可移动等特点，适宜融入声、光、电艺术创意，使原本刻板冰冷的工业遗存构件在数字媒体艺术的渲染下呈现灵动的效果。其次，集装箱可以突破了空间限制，融合大数据、数字媒体、灯光、舞美、信息等技术，实现艺术、科技与人互动体验的完美结合。通过数字媒体虚拟现实技术搭建虚拟环境数字模式，在集装箱内外结合场景建模，可以从时间和空间两个层面，使人们得到全天候、全空间的时空体验；同时调动视觉、听觉、触觉感官，使声音、颜色、亮度、场景能随着人的移动而改变，让人处于动态感知中，激发人与作品中的虚拟实现景物互动，打造一种身临其境的体验。

1．集装箱快闪店

JUNPING LAB是国内美妆品牌JUNPING的第一家实验快闪店。为了响应"自然、科技、有效"的品牌护肤理念，设计师通过特殊材质与照明系统来烘托具有实验室风格的快闪店。快闪店采用一个长12m、高2.8m的集装箱，并以吊装运输的方式，满足快闪店使用的灵活性与可持续性。

为了突出快闪店轻盈明快的空间造型，集装箱立面选用透明亚克力圆管，并用白色灯管错落有致地嵌套在亚克力管中，亚克力管包围的空间被虚化成竖向线条，随着集装箱内部人流的运动而隐约呈现在建筑的外表皮上。整个集装箱室内顶界面采用发光灯膜，模拟天光效果。箱体两端的镜面使空间无限延展，削弱了内部空间的局促感，更使快闪店通体发光。入口处拍照区由亚克力圆管与试管架烘托出实验室风格，洽谈区的不锈钢墙面陈列有主推产品，拉丝不锈钢的漫反射特性使得其在不同颜色的光源影响下呈现不同的颜色，配合立面的亚克力圆管，满足了品牌对于科技实验风的定位（图6.3-18、图6.3-19）。

图6.3-18　轻盈的集装箱空间　　　　　　　　　图6.3-19　亚克力管塑造的立面

（底图来源：ArchDaily.JUNPING LAB集装箱快闪店/拾集建[EB/OL].（2018-11-22）[2024-05-10]. https://www.archdaily.cn/cn/906280.）

2. 新加坡灯光艺术节

新加坡国际艺术节由新加坡国家艺术委员会组织举办，自 1977 年首次举办至今已有40余年。作为新加坡最大的艺术盛典之一，艺术节汇集了大量的国内外艺术佳作，提倡利用数字科技、历史和叙事方式呈现创新作品。2012年新加坡灯光节展示的作品"After light"，就是由27个集装箱构成的大型屏幕视频装置。集装箱的两端作为展示屏幕，作品由三个部分组成：神圣、工业和人类，来展现对新加坡历史与城市发展的反思（图6.3-20、图6.3-21）。

城市公共空间的表现方式已经突破了固有的传统艺术模式，而集装箱作为城市公共艺术的载体，其后工业的艺术风格，快速建造与移动应变、绿色低碳的建构方式已经成为城市更新驱动下公共艺术创作的新风尚。其未来发展将更多体现科技与艺术的紧密融合，在凸显城市文化特征的同时，更多地关照公众自下而上的需求与参与性，发挥集装箱应变与多元组合的优势，促使公众参与到集装箱公共艺术的创作中，使集装箱成为城市文化景观的靓丽风景线。

图6.3-20　大型屏幕视频装置　　　　　　　　　图6.3-21　媒体表皮

（底图来源：storybox. Afterlight[EB/OL].（2019-03-21）[2024-05-10]. https://www.storybox.co.nz/projects/afterlight.）

第 7 章

从工业锈带到城市坐标
——智慧湾集装箱创客部落营造

7.1 产业转型与产城融合发展

随着中国进入新常态的发展阶段，城市建设从增量建设转向存量建设，从规模速度型增长转向质量效率型集约增长。上海2040提出建设卓越全球城市，强调规划建设用地的"负增长"要求，如何实现产业转型与城市更新逐渐成为城市空间发展与建设的主要模式。[①]

上海宝山区素有"中国的鲁尔"之称，作为中国最大的钢铁基地与重要的港口物流中心，如何改善烟囱、集卡与堆场云集的"黑、重、脏、乱、危"的城市形象，利用宝山区的通达江海的资源禀赋，带动区域转型发展。2007年，时任上海市委书记的习近平同志在宝山区调研时指出，宝山要坚持把发展作为第一要务，充分发挥区位优势、产业优势和空间优势，深入研究，准确把握自身特点，扬长避短。

经历十多年来的转型探索，宝山产业转型发展的动能强劲，区级地方财政收入基本呈现两位数增长。"十三五"期间，依托轨道交通1、3、7号线，围绕创新、创业和创意的产业发展目标，宝山区已经形成"一带三线五园"产业布局，到"十三五"末，已集聚产业互联网企业约10000家，产出超过1000亿元。上海2040总体规划把宝山区划入了主城片区，老工业区不仅实现了环境由"黑"变"绿"，产业由"重"变"轻"，更在产业、地区转型的基础上，注重三大新兴产业的带动作用：邮轮旅游产业、信息服务业与机器人产业。现在宝山正在推进作为"中国产业互联网创新实践区""全国工业电子商务示范区""中国移动互联网产业基地""中国区块链创新孵化基地"的建设，逐渐替代了传统的钢铁与物流产业。[②]

随着老工业园区的退二进三，如何将转型后的产业园、创意园与科技园融入城市与社区的生活中，宝山区采用有机嵌入的策略，将不再适应城市发展的老工厂、仓库与企业有计划、有步骤地转化为适应城市发展的新产业空间，催生新的城市动力源，带动周边商业、文化、旅游、商务等功能蓬勃发展，以精细化治理为百姓增添福祉，打造宜居宜业宜游的城区。宝山区原先的一大批老码头、老堆场、老厂房正转型升级为邮轮港口、生态湿地、研发总部、平台经济、大数据的集聚地，以每6分钟诞生1家企业的速度彰显着创新创业活力。

从钢花到浪花、樱花，再到文艺之花，现在的宝山正处于调整转型期，通过"补短板、促转型、强基础、惠民生"的举措，正在探索"黑、粗、旧、堵"的老宝山脱胎换骨成为"绿、精、新、顺"产城融合的新宝山。

7.2 智慧湾科创园的规划理念

7.2.1 智慧湾的前世今生 [③]

经过30多年的建设和发展，宝山区上海港基本形成了由吴淞港区、外高桥港区和洋山港区构成

---

① 夏雨. 产业转型与城市更新实践三十八法［M］. 北京：中信出版社，2017：15-20.
② 夏雨. 产业转型与城市更新实践三十八法［M］. 北京：中信出版社，2017：48-50.
③ 夏雨. 产业转型与城市更新实践三十八法［M］. 北京：中信出版社，2017：136-140.

的较为齐全的集装箱码头布局体系。洋山港区的集装箱吞吐量及所占比例皆迅速增加；外高桥港区的集装箱吞吐量不断增加，但所占比例仍呈下降趋势；而吴淞港区的集装箱吞吐量及所占比例皆迅速下降。但作为集装箱码头的延伸，在上海集装箱堆场行业的空间布局中，尤其是港外集装箱堆场，早期场地主要位于宝山区，但现今基本被居民区包围。[①]

蕰藻浜历史上曾经是北上海重要的军事屏障，也是除了长江与黄浦江之外为数不多的可以通航百吨级货船的河道之一。河道的天然优势使其沿岸逐渐形成了运输物资的货运码头与仓库群集聚地。随着传统工业衰退，蕰藻浜两岸与南北高架交接处的大量集装箱堆场成为杂草丛生、垃圾遍地的城市闲置用地。伴随城市发展和产业转型，这一"钢铁锈区"逐渐落寞，演变成了集装箱堆场、混凝土搅拌站，集装箱卡车密集进出，周边道路泥泞，噪声粉尘污染，每年都会收到周围社区居民的大量投诉（图7.2-1、图7.2-2）。

图7.2-1　智慧湾园区基地原状　　　　　　　　　　图7.2-2　原集装箱堆场状况
（图片来源：智慧湾园区提供）　　　　　　　　　　（图片来源：智慧湾园区提供）

智慧湾园区位于上海市宝山区蕰川路6号，占地面积230亩，东邻1号线，南邻蕰藻浜。园区前身为重庆轻纺集团下属的上海三毛国际网购生活广场、市政材料公司堆场、胡庄村村委会，以及蕰藻浜码头集装箱堆场（图7.2-3）。2015年，上海科房投资公司开启了对园区的升级改造，对原园区进行新的功能布局调整与改造，引进企业入驻，并更名为"智慧湾"。

图7.2-3　集装箱堆场搬迁前的现状
（图片来源：智慧湾园区提供）

---

① 董岗. 上海国际集装箱堆场行业的现状分析与对策建议 [J]. 中国港口，2013，（6）：44-46.

蕰藻浜码头集装箱堆场在搬迁后，废弃集装箱并未被搬走，废弃集装箱的处置成了一个关键难题。经过多方论证及综合考量，这些废旧集装箱，主体框架结构依然良好，如用作集装箱房屋，将使集装箱的使用年限延长10年以上。通过集装箱作为基本建造单元，通过不同形式的空间组合与结构组合，并采取相应的加固措施，配备标准化的门窗、地板、厨卫以及给水排水、电气、照明、消防等设施设备，且进行相应的装修，也能够营造安全舒适、环境宜人的办公场所。基于以上因素，上海科房投资公司聘请了专业的集装箱设计团队——上海宝钢建筑工程设计有限公司一分院原院长丁用平院长，对园区进行多轮的规划设计与深化完善。

园区总面积550亩，目前已完成六期的转型升级改造，共363亩改造建设（图7.2-4）。据《解放日报》报道："充分发挥老工业建筑的历史传承，将15栋旧库房打造成集文化创意、产品设计、科技创新、艺术展示、旅游休闲于一体的街区，把1.4万平方米的集装箱堆场，塑造成娱乐与滨水体验相结合的办公空间"[①]，致力于打造科创与文创融合的个性化定制园区，由此也吸引了一批优秀的创新创业团队和文化创意企业入驻。自开园以来，园区已先后获得三十多项国家级与市级荣誉，如国家旅游科技示范园区、国家文化和科技融合示范基地、国家工程实验室上海应用示范中心、全国科普教育基地等，已得到国内外主流媒体的千余次报道，获评消费者心仪的"最上海"文旅商地标。

图7.2-4　智慧湾科创园区总平面图
（图片来源：智慧湾园区提供）

① 夏雨. 产业转型与城市更新实践三十八法［M］. 北京：中信出版社，2017：275-280.

7.2.2 从闲置用地到活力空间

随着经济快速发展,新生产方法、通信技术、运输方式的涌现,部分仓储用地已不能满足使用要求,出现功能性衰退,由此产生了大量的闲置场地。由于它们大多地理位置不佳,基础设施不完善,整体拆除重新规划投资巨大,回报率低。而且对开发商而言,一块土地的开发过程,从可行性研究到项目审批,往往耗时费力且代价昂贵。仓储用地的改造无疑成为跳出上述窠臼的途径。在无需投入大量资金的前提下,最大限度地发挥仓储用地的作用,并将其扩展到商业用途及其他用途,可获得最大的经济效益。针对此类用地的改造,国内外均有不少成功案例,如国外有巴黎比特绍蒙公园、美国西雅图煤气厂公园、德国国际建筑展埃姆舍公园、英国的泰特美术馆和法国的维尔茨堡美术馆等,国内有北京的798大山子艺术区、深圳OCAT艺术基地、上海世博会的旧厂房改造项目、北京首钢改造等。

智慧湾无疑是在探索如何减少破坏城市闲置用地,高效利用城市灰空间以及合理利用废旧海运集装箱的成功范例。对原有园区、旧厂房的重新布局、调整改造、功能定位和企业引进,倾力打造以集装箱众创办公空间为标志的个性化定制新型园区及其科学与艺术结合的园区和24小时青年活力区(图7.2-5)。

图7.2-5 以集装箱众创办公空间为标志的开放园区
(图片来源:余未旻摄)

园区不设围墙,打破了老旧工业区与街区、社区的物理边界,形成全天候开放式、步行式的街区空间,已经成为年轻人的潮流聚集地,为创业者提供个性化、多元化的办公、休闲、体验与消费新场景,联动社区,促进园区与社区相融合,并重塑了蕴藻浜3km的滨水游憩新岸线,提升了城市公共文化品质(图7.2-6)。

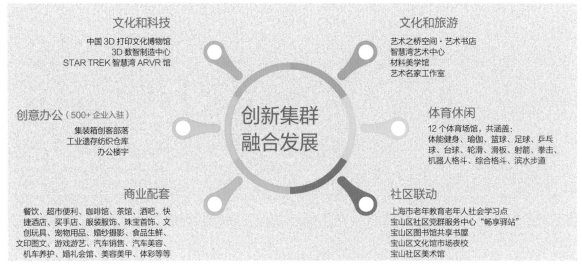

文化和科技
中国3D打印文化博物馆
3D数智造中心
STAR TREK 智慧湾 ARVR 馆

文化和旅游
艺术之桥空间·艺术书店
智慧湾艺术中心
材料美学馆
艺术名家工作室

创意办公（500+企业入驻）
集装箱创客部落
工业遗存纺织仓库
办公楼宇

体育休闲
12个体育场馆，共涵盖：
体能健身、瑜伽、篮球、足球、乒乓
球、台球、轮滑、滑板、射箭、拳击、
机器人格斗、综合格斗、滨水步道

商业配套
餐饮、超市便利、咖啡馆、茶馆、酒吧、快
捷酒店、买手店、服装服饰、珠宝首饰、文
创玩具、宠物用品、婚纱摄影、食品生鲜、
文印图文、游戏游艺、汽车销售、汽车美容、
机车养护、婚礼会馆、美容美甲、体彩等等

社区联动
上海市老年教育老年人社会学习点
宝山区社区党群服务中心"畅享驿站"
宝山区图书馆共享书屋
宝山区文化馆市场夜校
宝山社区美术馆

**创新集群
融合发展**

图7.2-6　多元业态的创新集群发展园区
（图片来源：智慧湾园区提供）

7.2.3　大众创业　万众创新

2014年9月，夏季达沃斯论坛上，发出了"大众创业、万众创新"的号召。以促进创新型初创企业发展为抓手，以构建双创支撑平台为载体，分类推进双创示范基地建设，并提出了各类型示范基地的建设目标和建设重点：一是区域示范基地要以创业创新资源集聚区域为重点和抓手，完善双创政策措施，扩大创业投资来源，构建创业创新生态，加强双创文化建设。二是高校和科研院所示范基地要充分挖掘人力和技术资源，促进人才优势、科技优势转化为产业优势和经济优势，重点完善创业人才培养和流动机制，加速科技成果转化，构建大学生创业支持体系，建立健全双创支撑服务体系。三是企业示范基地要发挥创新能力突出、创业氛围浓厚、资源整合能力强的领军企业核心作用，重点构建适合创业创新的企业管理体系，激发企业员工创造力，拓展创业创新投资融资渠道，开放企业创业创新资源。

7.2.4　创新创业　创客空间

创客是一群喜欢或者享受创新的人，追求自身创意的实现，至于是否实现商业价值、对他人是否有帮助等，不是他们的主要目标。而创客空间就是为这些创客们提供实现创意、交流创意思路及产品的线下和线上相结合、创新和交友相结合的社区平台。

创客最早起源于麻省理工学院（MIT）比特和原子研究中心（CBA）发起的Fab Lab（个人制造实验室）。Fab Lab基于对从个人通信到个人计算，再到个人制造的社会技术发展脉络，试图构建以用户为中心，面向应用，融合从创意、设计、制造到调试、分析及文档管理各个环节的用户创新制造环境。发明创造将不只发生在大学或研究机构，而有机会在任何地方由任何人完成，这就是Fab Lab的核心理念。Fab Lab网络的广泛发展带动了个人设计、个人制造的浪潮，创客空间应运而生。创客空间的商业模式和运行模式非常值得探讨和研究。

智慧湾紧紧围绕上海科创中心主阵地建设战略定位，依托产业基础、空间资源和区位优势，以科技创新赋能产业转型升级。园区不仅有各类科创、文创企业的入驻，还引进了企业需要的各类服务机构，包括企业需要的赛事、活动、场地、配套、产业研发孵化的机构。四个中心的展示场馆是园区的亮点：3D打印的博物馆、VR体验馆、麻省理工实验室、机器人打印实验室，这些展览是入驻企业的产品展示或与相关协会、科研院校合作产生的。

目前，智慧湾入驻企业551家，其中科技与文化类约占总企业数的77%，初步形成以3D打印、VR和AR生态圈为主的新兴科技群，包括VAIA创客联盟、一站式智能制造创新工场、服务机器人创新中心、智能硬件研发中心、物联网及总部经济，在科技文化类企业的引领下，带动园区的影视、电竞、多媒体等行业，形成了良好的产业集聚效应。今后，智慧湾也将积极引进更多新型产业、龙头企业和领军人物，向着北上海创新创业新高地的目标稳步迈进。

7.3 集装箱创客部落的设计策略

集装箱建筑是闲置土地再利用与工业建筑遗存再利用导向下催生的特殊建筑形态，其对环境的适应性强，既能将废弃的货运集装箱重新利用，又能见缝插针式地建造，且施工简单快捷。为了响应政府"大众创业，万众创新"的号召，"80后"和"90后"的创业小团队群体成为集装箱办公空间的主要受众。究其原因主要体现在以下几方面。首先，集装箱建筑的灵活组合、弹性空间更容易满足年轻创业团队的个性化需求，比传统办公楼更具有空间活力。其次，集装箱办公建筑管理便捷，租赁成本较低，成为年轻创业者的首选。最后，集装箱建筑体现了对闲置工业区活化利用与对货运集装箱空间的创意规划与设计，而且园区将创意办公、公共庭院与丰富室外公共空间完美地融合，并提供了停车、商业服务、运动休闲、艺术展演、社区活动等完备的生活配套服务设施，无需走出园区，生活所需一应俱全。

针对智慧湾集装箱办公建筑群项目，集装箱建筑从最初的总体布局规划到建筑方案的不断优化，直至建筑群的最后建成，经历了从设计概念生成、规划布局到建筑空间的细节推敲等长期的优化与推进过程。

7.3.1 集装箱众创空间概况

智慧湾众创部落位于园区南部，分3期建设，形成2万多m²的创客空间。整个用地原为老厂区的堆场用地，采用钢筋混凝土地坪，从现状条件来看，非常适合植入集装箱办公空间。基地东侧为一期已建集装箱办公建筑，二、三期位于园区西南部，南临蕰藻浜，北面及西面为原有厂房改建的展览用房、会议用房及科创园的行政办公用房（图7.3-1）。

经过深入研究发现，集装箱办公有别于传统的办公空间，难以创造出大尺度通用型的建筑空间。由于集装箱是模数化的定制产品，以标准尺寸设计，其空间跨度和高度均非常受限，更适合塑造单元化的空间，以此创造小型化与个性化的办公空间，满足当下数智化时代快速发展与技术创新所需要的创意空间需求。经历多次的规划布局构思调整，最后确定二期由两个地块的集装箱办公用地调整为四个小地块并附加旁边两个地块，形成六个小地块。三期是在文化广场南部的四个较大型的集装箱办公地块（图7.3-2）。

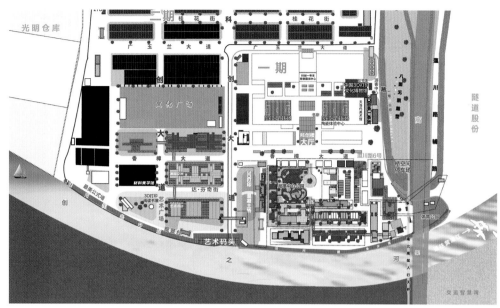

图7.3-1 智慧湾的集装箱众创空间总平面图
（图片来源：宋嫣然改绘）

图7.3-2 智慧湾集装箱创客部落整体鸟瞰
（图片来源：智慧湾园区提供）

7.3.2 设计概念的催生

集装箱单元的组合与拼接可形成丰富的集装箱群体空间组合关系，也为在小型化的众创办公空间中，创造宜作、宜景、宜游、宜境的空间形态提供了多种可能性与空间的触媒点。

在原本硬质化的工作堆场用地中植入景观元素与绿色植物、绿色庭院，不仅能够创造丰富的自然景观，也能为调节容纳工作、创意、研讨与休闲等多元化的建筑空间创造宜人的微气候环境。同时，建筑的附属构件，如廊道、楼梯、平台、台阶等不仅能有效地连通各集装箱单元，还能丰富集装箱建筑的室外空间环境，力求在均质化的集装箱群体空间中从平面与立体多维度上创造多样变化的空间界面，为青年创客提供创业、研讨与休闲的趣味空间（图7.3-3）。

图7.3-3　智慧湾集装箱创客部落鸟瞰
（图片来源：余未旻摄）

1. 立体庭院　嵌入绿植

在集装箱的叠加组合中嵌入建筑庭院的概念，并引入小株树木，利用集装箱围合成绿化庭院，配置一些廊架创造围合或半围合的空间，以增强办公空间室内外环境的相互渗透（图7.3-4）。

在二期和三期的集装箱办公空间中可发现，在密集的集装箱单元群中有机地嵌入了一些大小各异的庭院图（图7.3-5），有的底层庭院小如四面围合的天井，有的三面围合（图7.3-6），有的呈横长形态（图7.3-7）。庭院底层种植树与灌木，树干穿过一层或二层楼板伸展出，仿佛从集装箱建筑中

图7.3-4　形态各异的立体庭院鸟瞰
（图片来源：余未旻摄）

生长而出，为小型办公空间提供开窗即见的绿色，并改善微环境的通风换气效能（图7.3-8）；还有庭院设置在建筑二层或三层的平台之上，种植灌木与绿化池，形成屋顶花园（图7.3-9）。这种立体垂直的院落布局方式，将均质化的集装箱群体自然地过渡与消解，打破了传统集装箱办公整齐划一的单调空间形象，呈现丰富的室内外空间关系，整体提升了集装箱办公空间的环境品质。

图7.3-5　形态各异的庭院顶视照片
（图片来源：余未旻摄）

图7.3-6　三合院
（图片来源：余未旻摄）

图7.3-7　横长院
（图片来源：余未旻摄）

图7.3-8　窄院
（图片来源：余未旻摄）

图7.3-9　屋顶花园
（图片来源：余未旻摄）

2. 游廊连接　通达四方

集装箱办公的出租面积一般在100～150m²之间，或者更小的规模，如何将这些小型办公单元连接起来，如何将交通组织元素变身为景观元素是设计的关键点。首先，集装箱是建在钢结构架空平台之上的，通过天桥将每个单元平台联系起来，无疑加强了与周边地块连接的通达性，使得分散的用地间获得空间整体性（图7.3-10）。其次，通过设置廊道与平台连接各层平面时，创造丰富的室外灰空间，既解决了交通动线组织，又保证了每个办公单元都有一个面向室外的露台；廊道空间所呈现的多样化的形态，或曲尺形、或交错、或内隐在集装箱单元内部，创造了丰富的室内外过渡空间（图7.3-11、图7.3-12）。不仅如此，楼梯与台阶也丰富了空间动线，用以连接不同高度的屋顶平台，形成完整的立体街巷网络。由此来看，相对于集中式的办公空间而言，集装箱办公更适合于组团式、灵活化的分散布局，尤其适合小面积的创意办公，以廊道连接组织空间，保证了动线的四通八达。

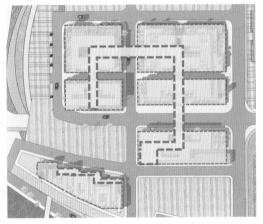

图7.3-10　游廊体系连接各地块
（图片来源：丁用平提供）

图7.3-11　集装箱廊道
（图片来源：余未旻摄）

图7.3-12　集装箱廊道体系
（图片来源：余未旻摄）

3. 立体叠加　复合功能

创客空间采用立体化复合功能的设计构思，集装箱底层采用架空钢结构平台下部置入停车库，增加停车面积，用最少的投资增加了一个半室外的停车库（图7.3-13）。架空层之上堆叠2～3层的集装箱单元，并嵌入立体庭院，通过廊道与平台连接各集装箱组合，满足"创意办公+停车+绿化+庭院"的多种复合功能需求。在增加办公面积的同时，也解决了由此带来的停车位需求问题，一举两得，提高了土地利用率（图7.3-14）。

图7.3-13 立体叠加复合功能

（图片来源：余未旲摄）

图7.3-14 底层架空停车

（图片来源：余未旲摄）

4. 开放共享 景观触媒

智慧湾科创园是一个开放式的园区，将超长河岸线、造型各异的集装箱建筑、错落有致的建筑平台、绿化、码头等元素巧妙地融合在一起，形成一个开放怡然的城市滨水休闲空间。改建后的集装箱建筑群，仿佛是记录了工业时代和城市发展变迁的一部经典著作，成为滨水沿岸一道独特靓丽的风景线。集装箱建筑靓丽的色彩构成，包括红、黄、蓝、绿以及一些灰色与白色的中性色调，这些颜色的巧妙搭配，使整个园区成为在视觉上呈现出时尚感、年轻化、极富动感活力的城市新景观（图7.3-15）。

图7.3-15 滨水开放园区

（图片来源：余未旲摄）

7.3.3 集装箱建筑的设计策略

以集装箱建筑单元组合作为空间组织的设计策略，经过多轮的方案优化与完善，最终实施的建筑方案既保持了集装箱自身的构成特点，又通过集装箱的叠加组合形成了形态多样的建筑造型。从建筑群体布局来看，力求集装箱空间组合既有有序的空间秩序，又不乏节奏与韵律；建筑形态既力求紧凑集中，又不乏灵活与变化；空间关系既保持规整与统一，又不乏层次与变化；建筑色彩既靓丽时尚，又不乏协调与对照，将原本单调整齐的集装箱单元组合塑造成北上海城市景观的新地标与公共艺术作品。建筑设计对策可总结如下。

1. 底层架空　置入停车

相较于地下车库或室内车库，省去了开挖地基，四面通透不设分隔与墙体，车库内部无需设置通风、喷淋和排烟等消防设施。仅用钢结构搭建一层平台即可，这种架空车库是极为经济的停车设施，而且达到了遮阳挡雨的效果（图7.3-16）。

由于每个地块的面积都不大，架空层所能容纳的车位数也有限，所以更要充分地利用停车空间，合理安排车道和停车位。在停车数最大化的前提下，再考虑其他配套房间如配电间、卫生间及仓库用房等的位置，对小型办公建筑而言，这些配套用房的位置往往可以比较灵活地设置在基地的边角位置。

图7.3-16　底层架空停车
（图片来源：余未旻摄）

2. 多维堆叠　造型独特

集装箱众创办公采用标准化的箱体模块，进行多箱体的灵活空间组合，创造大小、凹凸、丰富变化的天际线。二期集装箱的办公空间在多箱体的拼合设计上，除了采用了水平和垂直对齐的拼接方式以外，还采用集装箱单元组合的多种形态策略。

第一，采用平行错位拼接，两层上下箱体短边的前后平行错位重叠或长边的左右平行错位重叠，都为集装箱办公建筑提供了两面或者多面的前廊与阳台；三层箱体的平行错位拼接可以在密集箱体组合中开辟一处空中庭院，增加了建筑的空间渗透，打通了庭院间的联系（图7.3-17）。第二，采用了不少上下箱体的垂直交错重叠，尤其是多层箱体十字交错的拼合方式，不仅创造了形体悬挑，也营造了空中院落与平台。如智慧湾入口的门廊空间，不仅竖立与堆叠箱体，还垂直交错组合箱体，营造了大跨度的空间结构。在箱体出挑较大的情况下，创造性地采用了"V"形钢结构斜撑的方式支撑加固，营造集装箱建筑灵动轻盈的形态（图7.3-18）。第三，二期的小型商业服务设置综合采用了多角度上下箱体斜角堆叠、十字交错拼合等的多种组合方式，以多变的形态与明亮的色彩组合在滨江沿岸的群体建筑中显得尤为靓眼（图7.3-19）。第四，附加结构如平台、挑檐、立柱与楼梯也为集装箱体的组合锦上添花，营造了千姿百态、相互连通的室外廊道与大小交错的空间庭院，内外凹凸与前后推进的空间界面重塑了集装箱建筑的全新形象（图7.3-20、图7.3-21）。

图7.3-17　集装箱单元的多维堆叠
（图片来源：余未旻摄）

图7.3-18　集装箱的大跨度出挑
（图片来源：余未旻摄）

图7.3-19　集装箱的上下箱体斜角堆叠
（图片来源：余未旻摄）

图7.3-20　凹凸的集装箱空间界面1
（图片来源：余未旻摄）

图7.3-21　凹凸的集装箱空间界面2
（图片来源：余未旻摄）

3.庭院围合 空间渗透

根据集装箱本身的结构受力特点,营造通透的室内外办公环境。集装箱有四个角柱,只有排列整齐时才能做到有一个无柱空间。因此,主要的办公空间尽量避免错位排列,规律整齐排列的集装箱同样可以围合出内天井或内庭院,使用者从室内可直接看到或进入庭院的绿化空间与半围合的室外露台,这种视觉的通透感与交通的通达性保证了室内外空间的相互渗透,改善了办公空间单调古板的固有空间模式,创造出一个有助于交流互动、共享交融的新型创客空间(图7.3-22)。

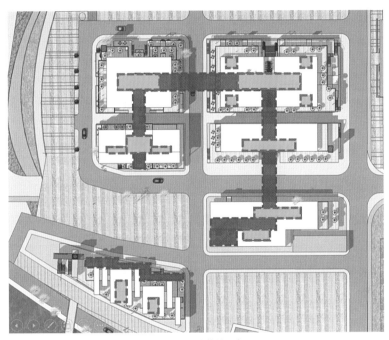

图7.3-22 院落体系布局
（图片来源：丁用平提供）

在平面布局上借鉴了传统建筑的庭院模式,在各地块都增加了三合院与四合院、方正院与横长院等不同形态的庭院空间或室外廊架,加强室内外的空间渗透,植入绿植,增加空间的趣味与情境,促使人们愿意驻足停留于此,自然通透的景观也有助于缓解工作的压力(图7.3-23、图7.3-24)。

图7.3-23 围合的集装箱庭院
（图片来源：余未旻摄）

图7.3-24　院落间的空间渗透

（图片来源：余未旻摄）

4．连廊连接　立体街巷

整个智慧湾产业园是由闲置工业用地改造，其配套服务设施及绿化景观采用见缝插针的方式嵌入园区的空置用地。通过架设钢结构天桥，将各地块的二层或者三层平台串联在一起，形成一条连接各地块的交通主轴，使其能够通过连廊、平台与楼梯等便捷地到达园区的各部分集装箱办公组团、服务设施点及绿化景观区，享受园区为进驻企业提供的各种配套服务（图7.3-25、图7.3-26）。每个地块不再是一个孤立的单元，而是通过廊道与庭院串接成线，多线成网，构成整个园区通达四方的道路和立体街巷（图7.3-27、图7.3-28）。

图7.3-25　连接各地块的廊道

（图片来源：余未旻摄）

图7.3-26　连接各单元的连廊

（图片来源：余未旻摄）

图7.3-27　连接各单元的走廊

（图片来源：余未旻摄）

图7.3-28　连接各单元的平台

（图片来源：余未旻摄）

5．弹性分隔　通用空间

集装箱办公空间因受限于集装箱本身的尺寸，即便是高箱，其总高度也只有2.89m。而且，办公空间是由一个个箱体拼接而成，这是有别于传统办公空间的主要特征。集装箱办公空间适宜于小微公司的办公规模，便于出租。一般处于初创阶段的小微公司，受限于资金及公司规模，所需办公面积不大。因此在平面设计时，兼顾小面积集中办公的特点，增加了门窗的数量与位置，建筑室内空间采用较少的分隔，实现办公、讨论与展示弹性可变，互不干扰（图7.3-29、图7.3-30）。

图7.3-29　集装箱室内空间1
（图片来源：余未旻摄）

图7.3-30　集装箱室内空间2
（图片来源：余未旻摄）

6．共享平台　交往互动

集装箱的附加结构如平台、挑檐、立柱与楼梯为箱体组合锦上添花，营造了千姿百态、相互连通的室外廊道与大小交错的空间庭院，内外凹凸与前后推进的空间界面不仅重塑了集装箱建筑的形象，也增加了办公空间的层次关系。对微小的科创公司而言，这些平台恰恰成为展示公司形象、展览展示产品的共享平台，促进青年创客间的交流与互动（图7.3-31、图7.3-32）。

图7.3-31　室外平台
（图片来源：余未旻摄）

图7.3-32　屋顶庭院
（图片来源：余未旻摄）

7.4 绽放的科创之光——智慧湾地标建筑

智慧湾科创园最初定位在科技创新与文化创意两大板块，着力建设集装箱创客空间、3D打印、智能制造、虚拟现实与增强现实及其人工智能四大新科技领域的创客中心。园区内建成了首家以增材制造3D打印为主题的"3D打印文化博物馆"，收藏与展览全球顶尖设计师的3D打印作品，还有3D打印桥等标志性构筑物，成为园区游客打卡的地标。

7.4.1 集装箱星巴克咖啡馆

集装箱曾将咖啡传播到世界各地，也是星巴克咖啡文化及理念的抽象载体，两者都承载着"传递"的使命。星巴克上海智慧湾科创园店是上海第800家门店，也是星巴克在中国内陆的第一家集装箱概念店，星巴克漂洋过海，传播咖啡文化，也诠释了星巴克的初心和探索精神（图7.4-1、图7.4-2）。

图7.4-1 集装箱星巴克鸟瞰
（图片来源：智慧湾园区提供）

图7.4-2 集装箱星巴克形态造型
（图片来源：智慧湾园区提供）

在造型组织上，星巴克咖啡店以集装箱为单元，由六个大小不同的集装箱采用堆叠、错落与斜插的空间组合方式，富有创意地拼搭在一起。通过不同角度与高度的堆叠，形成架空、露天阳台、走廊等空间。集装箱的堆叠设计极具结构感与雕塑感，带来强烈的视觉冲击力（图7.4-3、图7.4-4）。

图7.4-3 单元堆叠
（图片来源：智慧湾园区提供）

图7.4-4 屋顶平台
（图片来源：智慧湾园区提供）

在建筑立面方面，建筑物采用大面积落地窗与天窗等，在引入自然光的同时，使咖啡馆内部也体现出丰富的空间体验感。建筑在色彩上采用黑色窗框、白色饰面与香槟色的金属饰面立体拼接，建筑形态简约又不失时尚感。室内设计则主要保留了集装箱的肌理感，材料颜色以白色和原木色系为主（图7.4-5、图7.4-6）。

图7.4-5　立面开窗
（图片来源：智慧湾园区提供）

图7.4-6　建筑色彩
（图片来源：智慧湾园区提供）

在空间功能方面，一层由两个集装箱纵向错落拼接排列，将购买区和用餐区区分开。其中一只独立集箱体中，墙上有3D打印的巨幅星巴克美人鱼装饰画，与园区内的中国3D打印文化博物馆相呼应。二层由两个垂直拼接的集装箱堆叠在一层集装箱之上，形成宽阔的平台空间。纯白色集装箱空间内部挂着富有当代风格的咖啡主题艺术画，犹如艺术画廊般烘托出具有工业风格的当代艺术氛围。斜向穿插入二层的集装箱单元内设置有通向二层的楼梯和天窗，让远方的风景透过玻璃映入室内，随着每天的光影变幻，室内光线随之变幻，相映生辉（图7.4-7~图7.4-10）。

图7.4-7　连廊
（图片来源：智慧湾园区提供）

图7.4-8　室内售卖区
（图片来源：智慧湾园区提供）

图7.4-9　通向二层的楼梯和天窗
（图片来源：智慧湾园区提供）

图7.4-10　二层展廊
（图片来源：智慧湾园区提供）

7.4.2 3D打印文化博物馆

智慧湾的3D打印文化博物馆是国内首家以增材制造（3D打印）和三维文化为主题的博物馆。这是一座有历史底蕴的建筑，凝结着中国近代纺织业发展历程的印记，更见证了近现代中国传统制造业的百年历史。改造前这里曾是上海第三毛纺织厂下属全资子公司上海纯新羊毛原料有限公司的仓库用地，在改造设计上，保留了老建筑一至五层贯通的左右两侧巨大的送货水泥滑道，连接着博物馆建筑。3D打印文化博物馆改造于此，体现了传统制造业和智能制造业的完美融合（图7.4-11）。

图7.4-11 3D打印文化博物馆1
（图片来源：智慧湾园区提供）

博物馆建筑面积5000m²，收藏展品3000余件，涵盖3D打印技术在包括医疗、航空航天、汽车、工业制造、建筑、食品、文物保护、服装、文化创意等各领域的创新设计和应用成果（图7.4-12~图7.4-15）。建筑共6层，内设展厅、主题展厅、3D打印材料图书馆、3D打印研究中心、创意廊、互动展厅、映像展厅、3D空中花园、3D儿童活动中心九大功能区，兼具历史文化教育、文化体验等多重功能。3D打印文化博物馆入选2021—2025年全国科普教育基地第一批认定名单（图7.4-16~图7.4-19）。

图7.4-12 3D打印文化博物馆2
（图片来源：智慧湾园区提供）

图7.4-13 保留的送货水泥滑道1
（图片来源：智慧湾园区提供）

图7.4-14 保留的送货水泥滑道2

（图片来源：智慧湾园区提供）

图7.4-15 展厅

（图片来源：智慧湾园区提供）

图7.4-16 通向二层的楼梯和滑道

（图片来源：智慧湾园区提供）

图7.4-17 二层展厅

（图片来源：智慧湾园区提供）

图7.4-18 3D打印作品1

（图片来源：智慧湾园区提供）

图7.4-19 3D打印作品2

（图片来源：智慧湾园区提供）

7.4.3 3D 打印桥

2019年1月，由清华大学建筑学院数字建筑研究中心的徐卫国教授团队设计研发，世界最大规模的3D打印混凝土步行桥在智慧湾科创园落成。

桥体全长26.3m，宽度3.6m，拱脚间距14.4m。由桥拱结构、桥栏板、桥面板三部分组成，桥体运用了混凝土3D打印技术，结构由44块0.9m×0.9m×1.6m的混凝土3D打印单元组成。借鉴中国古代赵州桥的结构方式，桥整体工程用了两台机械臂3D打印系统，打印时长为450小时，其造价只有普通桥梁的三分之二，大大节省了造价和人力（图7.4-20）。

图7.4-20　3D打印桥

（图片来源：智慧湾园区提供）

7.4.4　3D打印书屋

上海首个混凝土3D打印书屋，也是由清华大学数字建筑研究中心打印建造的，从材料测试、地面基础、主体打印到安装、内装，书屋建造时间大约为一个月。书屋建筑面积30多m²，可容纳15人。清华大学建筑学院徐卫国教授说："书屋建成一个逗号形状，想强调读书的重要性，中间放置一个书桌，功能将覆盖从图书展览、探索到禅修。圆形空间顶部是一个圆的穹顶空间，顶部天窗可自然开启通风。据澎湃新闻报道，打印机器主要由机械臂和打印前端构成，机械臂前端有打印头，旁边放的一体机主要用于搅拌、泵送混凝土。机械臂按照自行设定好的程序，机械臂前端的打印头挤出混凝土材料，一层层打印就形成了图书屋"（图7.4-21～图7.4-24）。

图7.4-21　3D打印书屋

（图片来源：智慧湾园区提供）

图7.4-22　屋顶天窗

（图片来源：智慧湾园区提供）

书屋用的混凝土材料并未加入钢筋，只是加入纤维作为抗拉材料，但性能甚至比普通混凝土更好且抗震。"堆叠式打印"形成的图书屋外壳有两种不同的肌理效果，一种是正常的打印肌理，形成一层一层的纹路，另一种是凹凸变化的肌理。

图7.4-23　3D打印书屋入口

（图片来源：智慧湾园区提供）

图7.4-24　堆叠的墙面细部纹理

（图片来源：智慧湾园区提供）

7.4.5　艺术之桥·艺术书店

由广西师范大学出版社集团有限公司与智慧湾合作打造的"艺术之桥空间　艺术书店"，以600m²的建筑面积打破了传统"书店"的概念，塑造了一个集书店、生活好物店、买手店、画廊、艺术展演和文化沙龙于一体的时尚创意空间，展现了文化商业、潮流设计与美学生活融为一体的美好生活体验。

书店是由集装箱拼接而成极具包容性的艺术空间，除了书店室内排列的书架外，沿落地大玻璃窗，从室外延伸到室内伸展开的网状竹编装置，如同缎带般覆盖缠绕在入口外侧，并绵延到店内，书店与展厅，交织到建筑的天花板（图7.4-25、图7.4-26）。这是来自于四川青神非物质文化遗产——

图7.4-25　艺术书店入口

（图片来源：智慧湾园区提供）

图7.4-26　艺术书店竹编装置

（图片来源：智慧湾园区提供）

竹编工艺的传统手艺人刘前兴的竹编装置。根据集装箱的建筑围护结构与室内高度，刘师傅等4人在地编织了40多天，将坚韧的竹笼编织成柔软而富有韧性的复杂曲面。装置有十多道工艺，材料采用纯天然的竹材，不用任何粘结物。这种传统工艺渲染了自然的质朴感，用自然的曲面柔化了硬朗的集装箱工业风（图7.4-27、图7.4-28）。

图7.4-27　竹编柜台装置
（图片来源：智慧湾园区提供）

图7.4-28　艺术书店室内
（图片来源：智慧湾园区提供）

书店的中庭空间是著名设计师杨明洁的艺术装置——"虚山水"。一个个拼接穿插的"Y"形，搭建出一个重重复构的视觉空间，再延伸到中庭生长的树，讲述着来自自然、模仿自然、回归自然的过程，与竹编装置形成了一种时空的对话。此外，长3.6m、宽1.2m的大型多功能混凝土桌，以及用回收海绵制成的陈列台，便于标准化拼装，使整个空间布局可灵活多变。这些低碳环保理念下创作的产品，是对生态环境保护的思考及设计理念的延展，让不同的材质回归本质，制造成更符合日常生活需求的产品（图7.4-29、图7.4-30）。

图7.4-29　艺术装置"虚山水"
（图片来源：智慧湾园区提供）

图7.4-30　拼接材料细部
（图片来源：智慧湾园区提供）

7.5　集装箱众创空间的建造过程

7.5.1　集装箱来源

集装箱建筑的主要建筑材料是使用10年以上的废弃集装箱，园区在选用时主要考虑以下几点。

（1）用八九成新的旧箱，锈斑不能太多，也不能有透光及漏水迹象。

（2）选用时检查集装箱地板的完好性，集装箱顶部及四周凹凸程度，有无维修补丁等。

（3）检查集装箱的水平度及每一个角度的变形情况。

（4）箱体改造在工厂进行，改造时严格按照设计图纸进行，切割墙板时对角柱及侧梁构件进行保护以免损伤。

集装箱建筑的结构部件，如楼梯、走廊、室外平台、支撑梁柱以及用于加固箱体的结构，均需按照设计要求的材质与规格进行采购。集装箱建筑所需的少量箱体由于尺寸限制或者结构受力的要求不宜采用旧集装箱改造，可按照设计图纸采用定制新箱体，新箱体的制作标准参照相关规范制造。

7.5.2　建造过程

标准集装箱运输时直接采取整体单元运输，为节省运输成本，部分钢构件可同时运输。吊装使用的吊具主要有钢丝绳、卸扣、吊钩等。吊装过程中，可按建筑物的结构形式、安装机械规格和现场施工条件等因素划分流水区段，各区段按照流水线作业，提高施工效率。箱体吊装与安装过程中除了应保证箱体结构的稳定性，还要确保整体形成稳定的结构体系，必要时可采取增加临时支撑结构等措施，建造过程如图7.5-1所示。

（1）箱体改造的同时，现场进行基坑开挖及钢筋绑扎，并在拟浇筑的基础底板顶面预埋锚栓或预埋件，最后浇筑混凝土，集装箱常用的基础形式为筏板基础或条形基础，具体以设计图纸为准。

（2）当集装箱建筑底层空间用于绿化、公厕或停车时，底层需要架空，在搭建集装箱之前需要先施工钢结构平台。

（3）集装箱运输到现场后，按照预先制定的吊装顺序将箱体放至指定的位置，箱体就位后，需要对箱体的标高及水平位置进行微调。标高调整可利用钢板垫块，水平位置的微调可利用千斤顶或者花篮螺栓。调整好的集装箱需用集装箱锁扣临时固定，待箱体与基础的连接以及箱体之间的连接完成之后，方可撤掉临时锁扣。

（4）当一层的集装箱全部吊装完成后，需要对箱顶进行防水处理。对于中间层集装箱或者增加了轻钢屋顶的顶层集装箱，由于箱顶没有雨水进入，可仅在集装箱拼接处做防水处理，否则建议对整个箱顶做整体防水处理。

（5）部分集装箱建筑为了提高整体保温性能及防水性能，在屋顶布置轻钢屋面，并设置保温。建造时仅需要对集装箱拼缝处做防水处理，轻钢屋面龙骨建议焊接在集装箱角码处，当受力不满足时也可以在集装箱横梁处增加支撑点。

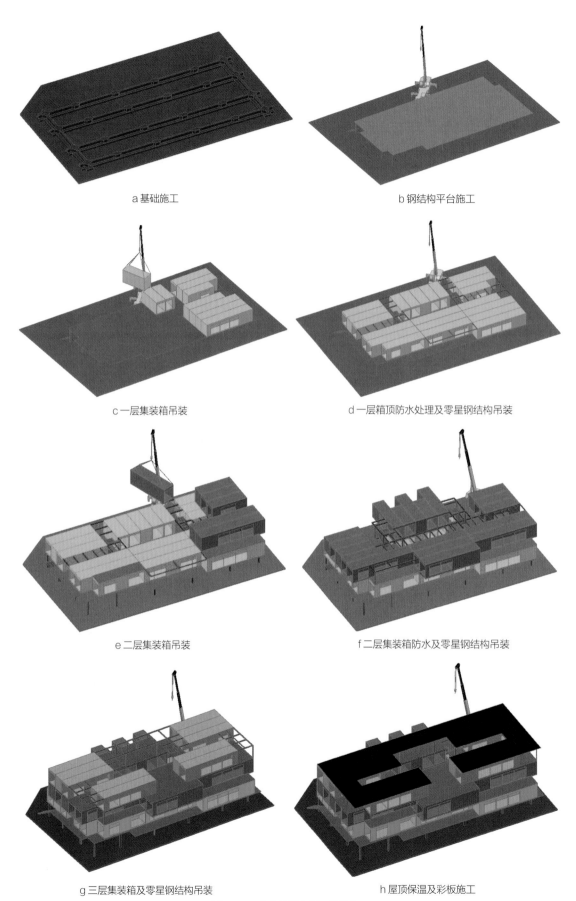

a 基础施工

b 钢结构平台施工

c 一层集装箱吊装

d 一层箱顶防水处理及零星钢结构吊装

e 二层集装箱吊装

f 二层集装箱防水及零星钢结构吊装

g 三层集装箱及零星钢结构吊装

h 屋顶保温及彩板施工

图7.5-1 集装箱创客空间建造过程

（图片来源：丁用平绘）

7.6 智慧湾的日常与节庆

当下智慧湾已经成为上海年轻人的潮流集聚地，据统计，园区已经举办800余场商旅、科技、展览、赛事、研学营等的主题活动，年平均旅游人次约350万。作为北上海的城市地标，智慧湾园区参与组织了一系列的科技、旅游与文化创意为主题的大型活动。

在科技活动方面，自2019年起连续5年的上海市科技节，2021年以"百年回望　崇尚科学　自立自强"为主题的上海科技节第一场活动就是在智慧湾的科普公园举行，同时也举办了一系列科创之家、酷玩科普集市、奇幻科学舞台等互动活动。

在旅游购物活动方面，自2020年9月起，智慧湾科艺欢乐节作为上海旅游节宝山区的重要环节，举办了围绕科技赛事、文艺展演、公共艺术、体育健身、生态环保等多个板块的30多项互动体验活动，获得市民与周边社区的热烈反响。2021年，宝山区"五五购物节"在智慧湾周末夜市开展以首发经济、品牌经济与新型消费、夜间经济、大宗消费、会商旅文体深度融合的消费场景、数字化消费、餐饮消费、服务消费、长三角一体化为主的九大板块活动，其中与机器人互动、VR体验及其3D打印博物艺术之桥空间与美食街等活动吸引了大批游客云集。

在文化创意方面，2021年上海城市空间艺术季（宝山区）开幕仪式在智慧湾举行，文艺表演完美展现了智慧湾科技与艺术完美融合的建设主题。还有每月举办的集装箱音乐节更是将园区推上了文化活动的胜地，以记忆中的歌曲为主题的音乐节，犹如园区每月举办热闹的节庆活动，已经连续举办了十多场（图7.6-1～图7.6-3）。2024年，智慧湾又推出了宝山区春节系列活动"科创宝山　龙耀新春"，初一到初七每晚运用裸眼3D技术在三期的集装箱办公建筑上投射光影秀。该光影秀突出了"文化与科技"融合，采用"数字技术+实景融合"的概念，将文化、艺术、科技元素高度融合，通过"声、光、电"精彩光影秀创新演绎，营造了具有宝山工业特色的都市型中国年味（图7.6-4）。

在周末经济的带动方面，为了提升经济与消费，2020年起智慧湾连续举办"智慧湾周末夜市"，累计吸引游客超过63万人次。为了凸显园区集装箱集群的特质，举办了200多场"箱遇　智慧湾"后备箱集市，目前已经达到每天常态举办，摊位以公益、二手闲置、科技互动、日用杂物、网红美食与国潮动漫等深受青年人喜好的内容为主，带动了周边社区居民与市民积极参与，单日最高车辆达到500辆（图7.6-5）。

图7.6-1　智慧湾集装箱音乐节

（图片来源：智慧湾园区提供）

图7.6-2 智慧湾集装箱音乐节

（图片来源：智慧湾园区提供）

图7.6-3 智慧湾集装箱光影秀

（图片来源：智慧湾园区提供）

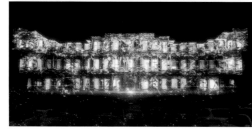

图7.6-4 智慧湾裸眼3D技术光影秀

（图片来源：智慧湾园区提供）

图7.6-5 智慧湾后备箱集市
（图片来源：智慧湾园区提供）

除此之外，园区还积极与上海大学签署战略合作协议，共建国家大学科技园智慧湾国际创新园，并与上海设计之都联合举办"长三角创意设计联展"，共40多所高校与30多家智能制作企业参展，创作了400多件作品，在企业与高校间搭建了合作平台，推动跨区域、跨行业的产教融合与创新项目。

7.7 智慧湾科创部落的未来愿景

如今，智慧湾科创园的集装箱集群建筑已经完成了六期的转型升级，科创园区对于集装箱建筑的未来发展模式探索仍将持续进行。随着国家倡导实施节能降碳专项行动，为实现碳达峰碳中和目标，结合当下大规模的城市更新行动的开展，集装箱建筑将为大都市更新的分步骤开展与完善城市规划的阶段性策略提供新的建设思路。智慧湾对于集装箱建筑未来发展的探索与尝试将从以下几方面开展。

1. 可持续性与环保理念的深化

随着全球对环境保护意识的提升，集装箱建筑作为一种资源回收利用的有效方式，其低碳、绿色的特性将更加受到重视。未来，集装箱建筑的设计和应用将进一步融入循环经济的理念，通过优化材料使用，提高能源效率等手段，减少对环境的负效应。

2. 模块化与灵活性的拓展

集装箱建筑的最大优势之一在于其高度的模块化和灵活性。未来，这一特点将被进一步强化，通过标准化与智能化的设计，使得集装箱建筑能够更加便捷地组装、拆卸和重组，满足不同场景下的快速建设需求，如临时居住、紧急救援与商业展览等。

3．技术创新与智能化的融合

随着科技发展，集装箱建筑将与更多新技术相结合，如物联网、人工智能、可再生能源系统等，实现建筑的智能化管理，提高居住和使用的舒适度与安全性，例如智能温控、自动照明、远程监控等功能将成为标准配置。

4．文化与美学的多重表达

集装箱建筑不再仅仅是功能性的存在，它也将成为时尚产品或公共艺术作品，成为展示城市文化和个性的窗口。设计师们将探索更多元化的美学风格，结合当地的文化特色，创造出既具有现代感，又富有地方特色的建筑作品，促进社区文化的交流与发展。

5．社会包容性与共享经济的体现

集装箱建筑因其成本效益高、建造速度快的特点，可以更好地满足社会包容性和共享经济的需求。未来，我们将看到更多的集装箱建筑用于提供低成本的住房解决方案、共享办公空间、社区服务设施等，助力解决城市化进程中的住房和社会服务难题。

集装箱建筑的未来充满了无限可能，它不仅是一种物理空间的构建，更是承载着可持续发展、技术创新、文化表达和社会责任的综合载体。在不久的将来，集装箱建筑与电商、临时商业、无人商业等的完美结合，不同空间与集装箱的新型组合——类集装箱的优化提升，将不断拓展大众对集装箱建筑的认知与思维。智慧湾生态创客部落的营造实践，正是这一趋势的生动案例，预示着一个更绿色、更智能、更包容的建筑新时代的到来。

著作

[1] 邹德志，王卓男，王磊. 集装箱建筑设计［M］. 南京：江苏凤凰科学技术出版社，2018.

[2] 柏庭卫，等. 香港集装箱建筑［M］. 北京：中国建筑工业出版社，2004.

[3] 科妮莉亚·多利斯，莎拉·扎拉德尼克. 集装箱与预制建筑设计手册［M］. 贺艳飞，译. 桂林：广西师范大学出版社，2019.

[4] 朱·科特尼克. 集装箱建筑设计指南+30个案例研究［M］. 高源，译. 南京：江苏科学技术出版社，2013.

[5] 马克·莱文森. 集装箱改变世界［M］. 姜文波，等译. 北京：机械工业出版社，2008.

期刊

[6] 欧晓斌. 当代建筑设计新趋向——可变动建筑初探［J］. 工业建筑，2010，40（S1）：5-8.

[7] 秦笛，倪震宇. 可移动建筑的形式特征初探［J］. 山西建筑，2009，35（13）：19-20.

[8] 姜涤清. 房屋集装箱的特点及分类［J］. 集装箱化，2013，24（4）：19-21.

[9] 贡小雷，张玉坤. 集装箱的建筑改造——一种可持续建筑的发展尝试［J］. 世界建筑，2010，（10）：124-127.

[10] 陈雪杰. 可持续发展的国内集装箱建筑应用探究［J］. 住宅科技，2011，31（9）：29-33.

[11] 后工业时代的低碳建筑——德国集装箱建筑展［J］. 中国建筑装饰装修，2011，（10）：272-283.

[12] 黄科. 集装箱房屋市场方兴未艾［J］. 集装箱化，2009，20（2）：28-31.

[13] 毛磊，陆烨，李国强. 集装箱建筑发展历史及应用概述［J］. 建筑钢结构进展，2014，16（5）：9-17+43.

[14] 集装箱房：从另类到主流［J］. 城市住宅，2011，（11）：80-81.

[15] 纪尚志，孙维琛，刘渊博. 集装箱建筑的应用与探索——从青岛积米崖渔人码头概念规划说起［J］. 青岛理工大学学报，2009，29（1）：35-39.

[16] 顾敏霞，王强. 集装箱建筑改造——品牌概念店［J］. 艺术与设计（理论），2012，2（8）：94-96.

[17] 程博瀚，黄曼滢，方梅馨，等. 集装箱建筑相关研究评述［J］. 工程与建设，2017，31（1）：30-33.

[18] 吉秀峰，张玉津. 集装箱房屋发展的宏观环境及面临的机遇和挑战［J］. 集装箱化，2011，22（2）：26-29.

[19] 基德-黑尔格·弗格尔，吴笑韬，李丽红. 移动性：艺术和建筑中的第四维度［J］. 郑州大学学报（哲学社会科学版），2007，（2）：118-121.

[20] 肖毅强. "临时性建筑"概念的发展分析［J］. 建筑学报，2002，（7）：57-59.

[21] 何孟佳，Pascal Berger，Marc Schmit，等. 多利有机生态农庄［J］. 建筑技艺，2013，（2）：124-129.

[22] 集装箱式数据中心的魅力所在［J］. 智能建筑与城市信息，2011，（8）：27.

[23] 龚宝良，池晴佳. 可移动的"未来水世界"荷兰建筑师：在水上搭建未来都市［J］. 建筑工人，2010，31（7）：56.

[24] 吴峰. 可移动建筑物的特点及设计原则［J］. 沈阳建筑工程学院学报（自然科学版），2001，（3）：161-163.

[25] 郑卫卫. 可移动建筑形态与空间［J］. 山西建筑，2010，36（34）：52-53.

[26] 刘玉惠. 浅析微型住宅和适应性住宅的设计［J］. 建筑，2011，（6）：61-62.

[27] 王蔚，魏春雨. LOT-EK的集装箱建筑设计之路［J］. 工业建筑，2012，42（S1）：37-40，49.

[28] 苏锰，高敏. 基于集装箱模块化建筑的旧厂房改造和再利用［J］. 工业建筑，2020，50（1）：75-79.

[29] 王蔚，魏春雨，刘大为，等. 集装箱青年公寓建筑设计研究［J］. 新建筑，2011，（3）：29-34.

[30] 王蔚，贺鼎，高青. 北京顺义集装箱模块房可持续设计研究［J］. 新建筑，2016，（5）：70-73.

[31] 王蔚，高青. 参数化策略在集装箱建筑模块化设计中的应用研究［J］. 新建筑，2015，（3）：60-63.

[32] 王蔚，魏春雨，刘大为，等. 集装箱建筑的模块化设计与低碳模式［J］. 建筑学报，2011，（S1）：130-135.

[33] 郝卫国，韩冬，王淼. "石·书·树"集装箱阅读体验舱庭院景观设计［J］. 中国园林，2016，32（2）：92-97.

[34] 刘子川. 后工业时代的低碳建筑——集装箱建筑［J］. 美术观察，2011（5）：77，76.

[35] 马守恒，田波. 绿色建筑之"集装箱住宅"研究初探——以全国绿色建筑设计竞赛优秀方案为例［J］. 四川建筑科学研究，2017，43（4）：131-134.

[36] 周姣姣. 集装箱景观建筑的组合与造型设计方法研究［J］. 科技与创新，2017，（12）：104.

[37] 王斐. 对集装箱模块化设计应用探析［J］. 工业设计，2016，（7）：75，78.

[38] 万正，邹国强，杨科，等. 集装箱建筑的空间形式探索与发展研究［J］. 山西建筑，2016，42（10）：1-3.

[39] 刘刚，原野，侯丹，等. 集装箱建筑性能优化设计研究与实践［J］. 动感（生态城市与绿色建筑），2016，（3）：59-64.

[40] 郑杰，闫永祥. 可持续概念下的集装箱建筑设计研究［J］. 设计，2016，（16）：146-147.

[41] 董君，崔海苹. 新型绿色集装箱建筑的设计艺术［J］. 工业建筑，2016，46（4）：169-171.

学位论文

[42] 刘尧元. 集装箱建筑的设计与应用研究［D］. 青岛：青岛理工大学，2017.

[43] 裴予. 中小型装配式建筑体系比较研究［D］. 长春：吉林建筑大学，2017.

[44] 李佳. 可移动建筑设计研究［D］. 南京：南京艺术学院，2015.

[45] 黄怡平. 当代便携式可移动建筑设计策略研究［D］. 南京：东南大学，2016.

[46] 王伟男. 当代集装箱装配式建筑设计策略研究［D］. 广州：华南理工大学，2011.

[47] 赵鹏. 集装箱建筑适应性设计与建造研究［D］. 长沙：湖南大学，2011.

[48] 王璐璐. 基于建筑和结构安全统一的废旧集装箱改造房构造的研究［D］. 哈尔滨：哈尔滨工业大学，2010.

[49] 于乔雪. 废旧集装箱在建筑设计中的再利用研究［D］. 西安：长安大学，2016.

[50] 杨永健. 既有集装箱在创客建筑中的应用与设计策略研究［D］. 深圳：深圳大学，2017.

[51] 张慧洁. 集装箱建筑设计与应用的研究［D］. 北京：北京建筑大学，2014.

[52] 任炜. 集装箱建筑的连接方式及节点研究［D］. 北京：北京建筑大学，2017.

[53] 方珍珍. 基于绿色理念下的集装箱住宅改造设计研究［D］. 苏州：苏州大学，2016.

[54] 李静. 城市集装箱青年公寓建筑设计研究［D］. 济南：山东建筑大学，2016.

[55] 张汝婷. 集装箱建筑案例分析［D］. 西安：西安建筑科技大学，2017.

[56] 张然. 灵活多变建筑及其可适性研究［D］. 南昌：南昌大学，2016.

[57] 崔海苹. 集装箱建筑的造型设计研究［D］. 哈尔滨：东北林业大学，2016.

[58] 郭浩原. 集装箱建筑设计研究及适应性功能探索［D］. 合肥：合肥工业大学，2015.

[59] 郭雪婷. 集装箱改造建筑设计研究［D］. 南京：南京工业大学，2013.

[60] 曲媛媛. 模块化建筑空间设计的发展研究［D］. 苏州：苏州大学，2009.

[61] 劳开拓. 集装箱建筑在中国的应用和发展研究［D］. 天津：天津大学，2014.

[62] 许亚. 集装箱再生建筑的适用性设计与研究［D］. 西安：西安美术学院，2016.

[63] 王蔚. 模块化策略在建筑优化设计中的应用研究［D］. 长沙：湖南大学，2013.

[64] 章林富. 可移动建筑的复杂性策略研究［D］. 合肥：合肥工业大学，2014.

[65] 王明超. 集装箱式再生建筑空间设计研究［D］. 济南：山东建筑大学，2014.

后记

本书即将付梓之际，回望从确定选题、框架、内容充实到书稿多次修改的整个过程，深感收获巨大。这些启发与收获不仅仅来自于对著作撰写过程中的研究启发，更来自于对集装箱建筑未来发展与应用前景的期待。

本书源于2019年与我的校友——上海宝钢工程建筑设计有限公司一分院原院长丁用平的一次闲聊，他提议我去看看他带领的团队主创设计并实施建造的智慧湾科创园集装箱众创空间。在丁院长的引荐下，我拜会了上海科房投资公司董事长陈剑先生，惊叹于陈总对城市存量空间利用的创新思维，对集装箱建筑的满腹热情，对智慧湾建造历程的如数家珍、对智慧湾业态运营的前瞻构想，深刻感受到他对大都市城市更新的睿智理念与敏锐思维。这也激发起我想写一本书的愿望，系统地研究集装箱建筑的发展与类型，让大众了解集装箱建筑的未来发展前景。惭愧的是，在教学与科研的双重羁绊下，书的撰写历时4年，但是却让我有机会完整见证了智慧湾集装箱建筑园区的精细雕琢与蓬勃发展的历程，重拾与整理文稿，仍旧感觉到本书出版的价值与意义所在。

首先，作为人们常见的物流货运媒介，集装箱是介于建筑物与工业产品、标准与非标准、固定与移动空间之间的特殊类型，但是它所具有的坚固耐用、建造便捷、经济实惠、防风防震、防潮防水、节能减排、环保低碳等特点，却是解决城市建设矛盾不可或缺的方式。其次，集装箱已经不再是传统印象中的形象，它更像一个变化莫测的万花筒，看似随机偶然的拼接组合，却可塑造出美轮美奂的建筑造型，装载人们生活中多种多样的功能内容。它可以说既是高度精确与复杂协调技术的建筑作品，又是自由拓展与灵活适变的公共艺术。再次，随着当下倡导循环经济、降碳减排、全面实施城市更新的国家战略引领下，其装配式的施工过程，成为快速解决城市更新过程中闲置用地激活的精明策略，将闲置用地转化为城市地标，将"灰色"空间转化为"亮点"空间，将尘土飞扬的堆场变身为人潮涌动的城市潮流聚集地，智慧湾科创园为我们作出了示范。更重要的是，为我们探索集装箱建筑与大数据、人工智能完美结合，适变与解决大都市更新与发展的矛盾提供了新思路，让我们期待集装箱建筑的建造更加规范与产业化，在未来智慧城市的营建中开拓更广阔的天地。

本书从可移动建筑引入到集装箱建筑的应用前景，系统地梳理了国内外集装箱建筑的功能类型与优秀案例，归纳总结从集装箱单元模块化组合到集装箱建筑群体规划的设计方法，以及结构建造与物理性能优化的策略；并为大家详细解读智慧湾创客部落的建造历程、规划理念、设计策略、日常运营及发展愿景，力求为城市更新与可移动建筑研究的同行提供有益的启发与借鉴。

衷心感谢对本书编写与出版作出贡献与提供帮助的前辈、老师、同学与朋友！

本书由魏秦、丁用平主要完成著作的撰写、统稿与修改工作。第1至第4章由魏秦撰写，龚懿、冯磊、施铭、纪文渊、韦秋燕同学参与以上几个章节文献资料的收集与整理工作；第5章由丁用平独立撰写；第6章、第7章由魏秦独立撰写。

本书的编撰得到了很多朋友与同学的鼎力支持。首先，感谢丁用平院长的引荐，让我有幸参与本书的撰写，并得到程华为师兄的帮助，完整了解到他们团队对于集装箱改造的奇思妙想。书中大量分析图的绘制是由陈敏仪、宋嫣然、张烨晨、吴星瑶、戴子韵几位同学完成的。文中精美的实景照片是由建筑摄影师余未旻拍摄的。著作撰写前期，纪文渊、施铭、龚懿、冯磊、张健浩、吴欣桐几位同学完成了大量文献资料的收集工作。感谢朋友们和同学们为本书完稿作出的贡献！

本书的撰写离不开上海智慧湾投资管理有限公司的领导与工作人员的鼎力支持与帮助！感谢陈剑董事长对本书架构的启发与指导，感谢园区工作人员提供了大量智慧湾建设历程的资料与图片，他们精益求精与锐意进取的工作作风让我受益匪浅。

也要感谢上海林伟建筑工程有限公司项目经理杜荣华、上海天德建设（集团）有限公司副总经理戴留松、上海康澄建筑装饰有限公司总经理游余东、上海原爵建筑科技有限公司总经理万传强为智慧湾建设付出的努力与汗水，也铸就了智慧湾成功的基石。

还要特别感谢宝山区委原常委、副区长，现上海产业转型发展研究院首席研究员夏雨先生为本书作序，并提出了宝贵的意见，智慧湾建设的成功离不开他的创新性城市更新理念的引领。

本书得到上海市哲学社会科学规划课题一般项目《需求—行为—空间耦合的生活性街道界面空间活力塑造研究——以上海黄浦区红色历史街区为例》（2022BCK005）的资助，在此一并感谢！

特别感谢中国建筑出版传媒有限公司（中国建筑工业出版社）长期以来的引导与帮助，为著作的选题、编撰与出版倾注了大量心血。尤其感谢本书的编辑在书稿校对、排版等诸多方面耐心细致的工作，精益求精的态度，在此表示衷心感谢！

限于编写团队的学术积累与能力所限，本书还远未做到覆盖全面，书中难免会有错漏之处，敬请诸位前辈、同行与读者包涵与指正。

魏秦

2024年7月于上海